空降當行長

王澎世 著

內地工作求生術

太平書局

空降當行長 —— 內地工作求生術

作　　者：王澎世

責任編輯：張宇程

封面設計：趙穎珊

出　　版：太平書局

　　　　　香港筲箕灣耀興道 3 號東滙廣場 8 樓

　　　　　http://www.commercialpress.com.hk

發　　行：香港聯合書刊物流有限公司

　　　　　香港新界荃灣德士古道 220-248 號荃灣工業中心 16 樓

印　　刷：美雅印刷製本有限公司

　　　　　九龍觀塘榮業街 6 號海濱工業大廈 4 樓 A

版　　次：2022 年 5 月第 1 版第 1 次印刷

　　　　　© 2022 太平書局

　　　　　ISBN 978 962 32 9363 1

　　　　　Printed in Hong Kong

目錄

寫在前面   vii

前　言   ix

第一章　先踏足，後立足   **1**

第 1 回　第一次開董事會   2

第 2 回　辦公室讓人腦洞大開   6

第 3 回　見行長，長幼有序   10

第 4 回　飯堂吃早飯，夠講究   13

第 5 回　董事長駕到，肅然起敬   17

第 6 回　銀監會要見面，有密令   21

第 7 回　桌面上的話，不能盡信   24

第 8 回　北方人講話，可靠不？   28

第 9 回　新行長第一個任務：提要求   32

第 10 回　改變視野：向下看，向外看   36

第二章　盡快爭取做自己人   **41**

第 11 回　羣眾的歡呼，不一定是好事   42

第 12 回　空降部隊要看準，不要掉進坑裏   46

第 13 回　經一事長一智，要做自己人　　　　50

第 14 回　做自己人絕不容易　　　　54

第 15 回　要做自己人，先表示敬意　　　　58

第 16 回　單打獨鬥不如摙車邊　　　　62

第 17 回　沒有消息，不是好消息　　　　66

第 18 回　怕出錯難以改革　　　　70

第 19 回　説我關係搞得不錯，有辦法　　　　74

第三章　**最要緊自身有本事**　　　　**79**

第 20 回　神奇小子看似無章法，卻有門路　　　　80

第 21 回　在北京建人脈關係，要夠底氣　　　　85

第 22 回　拉存款容易，拉關係難　　　　89

第 23 回　每句話都可能有雙重意義　　　　94

第 24 回　富人銀行要比私人銀行更合國情　　　　98

第 25 回　闊別廈門多年，風采遠勝舊日　　　　102

第 26 回　廈門的確好地方，生意卻難做　　　　106

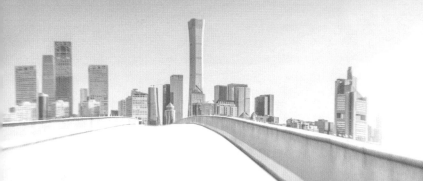

第 27 回 銀行追求覆蓋面，不一定是好事　110

第 28 回 好時光做銀行 無憂無慮　114

第 29 回 行家開年會，擺姿態別無他意　119

第 30 回 內地銀行有神秘感，是耶？非耶？　123

第 31 回 芝加哥舌戰老美，心中無懼　127

第四章　看無規矩，其實不然　131

第 32 回 對領導，好過對親爹娘　132

第 33 回 距離太遠管不上，容易出事　136

第 34 回 休假有等於無，休息隨意　140

第 35 回 學無止境，在北京學修辭　144

第 36 回 媒體追求動態採訪，為了吸引眼球　148

第 37 回 考核是雙刃劍，讓人敬畏　152

第 38 回 參加民主生活會，絕對是禮遇　156

第 39 回 南方分行民風，與北京大不同　160

第五章　總有事情想不到　　　　　　　　　　　　**165**

　　第 40 回　私人銀行名不符實，沒得搞　　166

　　第 41 回　海外培訓，結果出乎意料　　170

　　第 42 回　善待員工，以人為本總不會錯　　174

　　第 43 回　家長式管理，可能更有效　　178

　　第 44 回　強調員工福利，但不搞大花筒　　182

　　第 45 回　跟隨、跟從、跟班免不了，但是不要盲從

　　　　　　　　　　　　　　　　　　　186

　　第 46 回　海南島開董事會，雙重目的　　190

　　第 47 回　事業部是制度創新，反映魄力　　193

　　第 48 回　「走出去」買銀行，考眼光　　197

　　第 49 回　國內信用卡興衰，一彈指間　　201

　　第 50 回　事業部第一步，組建金融控股　　205

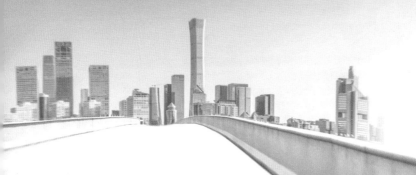

第六章　逐漸懂得竅門，不難卻也不容易　　**209**

第 51 回　酒精文化改不了，確實有用　　210

第 52 回　試用紅酒頂茅台，白費心機　　214

第 53 回　臨考抱佛腳，靠外援打救　　218

第 54 回　做生意，北京大過上海？　　222

第 55 回　嗅覺敏銳，爭取人脈，底線是效率　　226

第 56 回　黨校聽課，方知人外有人　　230

第 57 回　在北京看奧運會，好運氣　　234

第 58 回　神奇小子再顯身手，真佩服　　238

第 59 回　五年規劃在手，展望再次騰飛　　242

第 60 回　老王是好人，董事長的評價　　246

後記一　　**250**

後記二　　**253**

寫在前面

中國民生銀行於 1996 年成立，是中國內地第一家民資銀行。銀行秉承鄧小平改革開放精神，作為金融改革的試金石。民生的意義在於為廣大人民提供全面銀行服務，促成美好的生活。

在內地的管理體制中，民行向銀監會匯報。2000 年在上海上市，隨後 2009 年在香港上市，雙線發展。

其資產規模在我加入的 2006 年約為 7,000 億元人民幣，三年後我任期屆滿時增長至 3 萬億元人民幣。我有幸見證民生銀行快速發展的步伐。其資產回報約 1%，與其他大行相若。

民生銀行的同事勤奮工作，努力不懈，值得欽佩與表揚。有段值得自豪的話值得一提：不少民生同事能夠在黑夜裏騎着飛奔的馬匹狩獵，拉弓射下滿手獵物；其他對手可能還在馬前找尋火把來認路。

我不能否定這段略為誇張的說法，但是事實的確如此，書中另有解說。

前　言

　　2003 年，我被滙豐銀行外派到美國，擔任西部總裁，坐鎮洛杉磯。全美滙豐根據地理環境，把所有 400 多家分行分配給六位總裁，而我是其一。辦公室位處比華利山，景色優美，空氣清新；而且有錢人多，用錢隨意，生意好做。尤其滙豐主打私人銀行業務，業務穩定增長，工作壓力不大，可算是銀行在我臨近退休前給我的一份好差事。有人笑我說：這是晚來的「蜜月」，要好好珍惜。

　　當時中國內地跟香港特區受非典肺炎影響，生意不景氣，業績裹足不前。而且這病症傳染力很強，大家不敢外出，多數待在家中避開疫情。這情況跟我在美國有天淵之別，不免招來多方羨慕與妒忌。有人說，我執「尾會」，運氣好，吃到香餑餑。我不會見怪，因為以前我做爛頭卒之時，不是也有人說我「腳頭好」？說是天降大任。銀行工作就是這樣，調派崗位有辣有唔辣，不要怨天尤人就好。

　　非典肺炎逐步受控之際，突然接到北京市政府的邀請，

說是安排一團美國華僑回國參觀當地政府在七天內就完成的醫院，順便看看祖國的發展，希望有志之士回國拓展業務，國家會有不少優惠政策。我是滙豐銀行外派員工，在美國工作而已，算不上華僑。但是主辦方說我在國內經驗豐富，普通話、英語都很靈光，隨團介紹會很恰當，大力推薦我參加。沒想到紐約總部也收到邀請，一手就把這張「好牌」交給我，指令我如期參加。二話不說，整裝待發。

參加的人數不少，很多是地方上的老華僑，有免費遊絕對不會放棄。不是對回歸祖國有興趣，只是這樣的機會百年不遇，而且多年未返祖國，人人興奮不已。我很自然成為隱形領隊，除了新建的醫院之外，免不了多維度介紹北京。看見醫院的設施很齊全，最讓人佩服的是七天之內完成。我可以感覺到各方面有關人士的興奮與驕傲，聽他們介紹，內心隨着他們的喜悅而澎拜，實地感受到祖國的壯大。這幾天的接待給我很大的驅動，我不該在美國「混日子」，我應該回來，這裏才是發展自身能力的地方。接下去的日子，可以說思潮起伏，前思後想，我該怎麼做才對呢？

我有十多年實地「中國經驗」，比一般人有優勢。就算一起在起跑點上，我肯定跑得比別人快，中國內地講究「快速」

發展，我不應該、也不能夠放棄這個難得的機會。外表上，我不露痕跡，但是心中的吶喊很響亮：我要回國了！回到美國，跟紐約總部説清楚：我想回國發展，不過我會遵守不成文慣例，不會加盟其他同類銀行。心底深處，不是説完全沒有不捨得之情，比華利山這個地方真是「世外桃源」，不能説一句「這地方不好」的話，其實是樣樣都好，的確有點放不下。心想，還沒有到退休的時候，我應該志在四方，中國需要人力，回國是上策。

2004 年，回到香港，馬上有人邀請我加入他的公司，幫他搞上市。這絕對是好事，有三點：不是銀行，可以見識其他行業的運作；有兩家廠在內地，算是在內地「做貢獻」；上市前工作繁多，我是不怕煩的人，應該大有可為。這是香港典型的運作模式：寫字樓在香港，工廠在大陸，產品有內銷也有外銷，年年悶聲賺大錢。大家心中有數，這是中國內地改革開放帶來的碩果。

埋頭苦幹準備上市事宜之際，有北京來電。對方自我介紹，請我上北京。心想，怎麼又是北京的邀請？不能説不，只好問清楚「來者何人」？原來是銀監會的人，心裏馬上有如十五個吊桶，立馬忐忑不安。銀監會要我去？好事？壞事？而

且是要盡快去，好像有急事。以我在內地的經驗，我敢說「急事」絕不是好事。慢慢來才是好事！

終於到了北京，短短一年內第二次，但是我無心關注周邊環境的改變。有位助理，自稱是小宋，從機場接了我之後一路跟着我，連酒店房間都訂在我隔壁，簡直是貼身保護。內地不叫保護，叫保障。不管怎樣，是不是有點過火？我是跑慣江湖的人馬，照規矩不需要這樣的保障。難道是不想別人上門騷擾？越想越覺得奇怪，雖然我必須說服自己：既來之則安之，見一步走一步。

到了銀監會，見到主席，還有兩位副主席。他們在長桌子一字排開，主席坐中間。我另一邊一個人坐，有點像招聘面試，倒不是一問一答。基本上都是他們說話，我聽。先是介紹銀行業的中長期計劃，再說到短期的改革方向。接着問我有甚麼看法？這題目難不到我，不外乎開源節流、審慎處理貸款、與外資銀行多作交流、服務態度以人為本等，都是不會錯的答案。由於我已闊別內地三年，自己覺得以前學來的北京口音好像變了樣，有點吳越口音，有點酥麻，跟他們說話有點差距，少了「兒音」。不過，又不是叫我來說相聲，甭管它。

大家互動差不多半小時，我還沒看出端倪，到底葫蘆裏賣甚麼藥？要我來幹嘛？他們或許也覺得不好意思，終於「亮劍」。主席說：我們面對不少挑戰，需要作出應對。有些想法，目前還不成熟，難得聽到你的意見，很感謝。我們找機會再聊。說完之後就站起來送客，沒給機會我問更多問題。那位助理小宋就在門口，二話不說就把我接到機場，路上一言不發，好像是有固定程序，第一步走完，走第二步，其中不准講話。走貴賓通道，看着我走進登機長廊，一路沒說話，只遞給我一張紙條，說是他的手機號碼，我們再聯繫。

我是一頭霧水，心想：能夠再聯繫，就是還有下文。下文會是甚麼？不知道，或許說，沒讓我知道。山長水遠叫我來講講我對內地銀行業的發展路向？太過小題大做了吧。應該有下文，我對自己的判斷深信不疑。正確的態度是：靜觀其變。

時間過得很快，一下子三個多月過去。我正忙着上市前各種繁瑣的事物，開始遇上阻力，不是來自監管，而是來自內部。有幾樣關鍵的要求，我方無法接受，對方也不可能為了我們改變章程，結果是「放一放吧」，這是我方的說法。一放就等於說，我的存在價值驟降，只好揮手道別，希望再見還是朋友。

　　以前在滙豐的日子，到時候換崗位不稀奇，有人幫忙跟下家聯繫，只要到時候帶了公事包過去報到就好。好日子把我給寵壞了，現在開始體會沒有大樹依傍有點難度。要去找工作明顯過時，不去的話只會把自己弄得越來越懶散。俗語所謂「兩頭不到岸」大概就是這個意思。

　　沒想到，這時候北京又有新的消息，還是要我去一趟北京，面談計議。又是以前那位助理小宋跟我對話。逐漸消失的神秘感又再出現，到底是甚麼一回事呀？難道又想聽聽我對銀行業發展前景有何看法？這時候，忽然想起一句老話：明知山有虎，偏向虎山行。好，再去一趟北京，弄個清楚。

　　到了銀監會，還是原班人馬，多了兩位坐在兩旁，好像是司長級別，不比一般。對方開門見山，比較上一次邁前一大步。告訴我兩件事情：銀行改革必須深化；有家「私人」銀行啟動試點。私人的意思是指私人股權，不是說高端客戶。我想，叫我來必然有關。對方加多一句，這種安排是首次，必須先走「程序」，要點時間，請我稍候。我看到所有人都在點頭，不想沒話說，立馬來一句：理解、理解。這時候，我說的理解還有另外一個意思。說是一家「私人」銀行，我當然「理解」是哪家銀行，在中國內地也只有這一家，叫做中國民生銀

行。既然大家不說穿，我也裝作不知道。在內地，能夠不知道是好事。但是有時候知道，卻要扮成不知道更難。我就是面對這種情況，只好說理解、理解，裝糊塗。

回到香港，前思後想，這次到北京像不像「第二次面試」？雖然不確定我面對哪份工作。我開始認真思考目前面對的情況，必要時作出某些假定。事情有利也必然有弊，問題在乎能否作出正確的判斷。第一，回北京？第二，回銀行？第三，單人匹馬，深入虎穴？這家是怎樣的銀行？業務怎樣？不良資產如何？一連串的問題不敢去想。自己知道面對的不是一個「走一步算一步」的挑戰，但是卻又沒有一個可信的大局觀，心中很是糾結。

沒多久，北京來了第三個電話，這次要我多待幾天，因為有些人等着要見面。這次不用去銀監會，反而是在酒店大堂等候「發落」。幫我安排的還是那位助理，同時給我一些人物背景，讓我知道對方是誰。第一位見面的是一位劉姓的知名人士，他的農產品生意很成功。見面也只是見面，加上幾句寒暄而已。第二位是地產商，有一定知名度，也是短暫寒暄，加上一句「歡迎」，令我感到安心。第三位最有意思，他打我手機（不知道他從何知道？），告訴我站起來，向前走 30 米，繞過

大堂一根柱子，看到一塊屏風，他在後面等我，帶太陽眼鏡的就是他。見面後，沒有「歡迎」等客套話，只是說：這條路不好走，祝好運。說完就欠身而退，我還來不及反應，他已經不見人影。只記得那位助理說他姓張，不好惹。迷糊中，想起他那句不好走的話，是不是暗示：不成功，即成仁？

這個時候胡思亂想很正常，我走到這一步，印證國內一句名言：摸着石頭過河。現在差不多要上岸了，打個哈哈。但是心裏明白，前面還有一條大河在等着我。看看日曆，2006年 7 月 16 日，再過一天，就要踏出最後一步。

再下一步，就是新的開始。

第一章

先踏足，後立足

第 1 回　第一次開董事會

　　2006 年 7 月 17 日，民生銀行在北京開董事會。我被邀請參加，可是我不知道我是用甚麼身份。總之，開會之前半小時，有人帶我到西城酒店的貴賓室「休息」。休息就是靜心等候的官方語言。貴賓室外邊有個大會議室，應該是開董事會的地點。貴賓室一路有人進來，他們各自打招呼，似乎都認得彼此。我是唯一的外人，有人向我揮手，我就連忙回禮。説真的，有點尷尬。銀監會有位領導過來，自然有人熱烈歡迎，經過引導，他就坐在我旁邊。兩人相對無言，終於他忍不住，説上頭要他過來「觀察」會議進行。好像玩拼圖遊戲，拼多一塊是一塊，我逐步了解是怎麼回事。

正式獲任命行長

　　用最簡單的話來解釋，就是有人不服氣，隨時可以翻臉。有監管部門的領導在場，感覺上安全一點。會議開始，我倒不是第一項議程。第一要互選董事長，才能主持會議。毫無難度，人選早已安排好，就是原來的行長，經過投票同意，順利成為新的董事長。第二個議題是提名我為新的行長，這時候

才是我第一次聽到我的新職務，過去幾次在北京的會議只是在
「一廂情願」的模式下，推薦我作為新行長。到了今天，才正
式拍板，經過董事會落實我的任職。

　　諸位董事在董事會後陸續過來祝賀我，共有 18 名董事；
其中有一位監事長，資歷最高，還有兩位員工董事，代表員工
利益。有三位昨天我在酒店已見過，他們是股東董事，有股
份的意思。還有幾位股東董事，但是持股量不及前面所說三
位。有一位是新加坡華人，代表新加坡國家投資公司，原來
也有股份。難怪一路都讓我覺得有關人士小心翼翼，不想出
錯。最後一步開董事會也派人前來「觀察」，不讓人踩線。這
時候，我不禁透口氣，原來股權分散的公司，很容易產生「莫
非定律」，會出錯之處，往往出錯。

　　這一次的董事會，專門為了「換屆」。內地規矩是三年一
屆，就是三年一任，三年後換人。換句話說，我是新行長，
剛開始我的任期。同時，這次董事會選出新的副行長，有三
位，還有三位助理行長，都是舊人。連我共七位，成為銀行的
「領導班子」，是最高的行政單位。我這時候還不完全理解班子
的作用，但是我知道彼此之間有「互補」的作用，因此我也相
信彼此之間有互相「牽制」的作用，換句話說，一個人不容易
做壞事。

互相牽制的系統

　　這套系統在其他中資銀行（或企業）一樣存在，亦大有存在的價值。對我來說，絕對好事。因為我初來埗到，有個牽制系統存在，利大於弊。否則要一個人「一眼關七」，絕不容易。銀行是高風險業務，我知道得很清楚；以前我在內地的滙豐銀行做 CEO 自然懂得風險在哪裏，如何防範，而且身邊都是自己人，大家相處多年，不會出甚麼亂子。這裏不一樣，我是「空降部隊」，而且是銀監會推薦過來的人，有甚麼秘密議程，人家有懷疑很正常。內地跟香港地區一樣，如果有人可能影響個人利益，大家一定會防範。

　　在董事會開完一兩個小時之內，腦子閃過的都是圍繞「如果這樣，會怎樣」的問題。如同騎上虎背，心中開始有點發毛，悔不當初。可是臉上不能露出任何不安的表情，雖然我也不想給人一個印象：我可是老資格，放馬過來好了。在北京，過分自信總沒有好結果。

　　監事長很客氣，過來打招呼，說是認識我，久仰久仰。弄得我很尷尬，其實他是我前輩，以前在香港擔任中國銀行董事長多年，在銀行業舉足輕重，深受各界尊重。如今在這裏出

任監事長，對我來説，有如「定海神針」，有誰敢亂來？我連忙回禮，我久仰大名才對。有您指導，我深感榮幸。如有差錯，懇請指正為要。説話有點像文字寫出來，我想，在北京講話要有文化，不是嗎？最要緊，他補了一句，有空就過來坐坐，喝茶敍舊。

第一天，就遇上前輩，是我的運氣。

工作體會　在北京工作，過分自信總沒有好結果。做人做事，一定要謙虛。

第 2 回　辦公室讓人腦洞大開

　　開完董事會之後，我依次向監事長與各董事道別，順便爭取時間介紹自己。也不忘跟銀監會的觀察員握別，他臨別說要趕緊回去向各位領導匯報。他講完鬆口氣，看來有如釋重負的感覺。小宋跟我打了一個 "OK" 的手勢，跟着觀察員走了，大功告成。

　　時間上一點沒有空檔，有一位年輕人上來，滿臉笑容，說自己叫小金，以後就由他來保障我。小宋走了，來一個小金，跟賽跑接力一樣緊湊。小金很客氣，行長，這邊請。把我帶到門口，上了車，他坐前面。司機位上另有一位年輕人，他自稱是小李，加一句：以後他來保障我，要到哪裏去，一句話就行。他的「行」這個字，尾音拉高，讓人很有信心，一定沒問題。

辦公室的休息間

　　一路上三個人話不多。我只是問一句：這是甚麼車？小李馬上回答：奧迪 A8。原來是董事長的車，讓給行長專用，以示尊重。客氣客氣，是我的回答。在這種場面，客氣的話不要嫌多，多講兩句更好。從西二環轉入長安街沒多久，過來工商銀行總行，就看見中國銀行總行在左前方。小李說：咱們辦公室就在前面。果然，十來層的大樓出現在眼前，頂層有六個大字，中國民生銀行，很起眼。小金馬上下車開門，辛苦了，我帶您上去。

　　他跟着介紹，眼前看到的是營業廳。他還說，咱們總行沒有大堂，辦公室都在樓上，樓下是一家支行的營業廳。匆忙中，我沒搞清楚他在說甚麼，只是跟着小李上樓。兩邊有接待員，站着筆直向我說：行長，下午好。我揮揮手，走進一條長的走廊。小李在第二間停下，門口有人在等着，他自我介紹：他是辦公室主任，姓陳，以前在保定人民銀行。你好，你好，幸好我的北京口音還在。他說，有事小李會找他，先退。我走進辦公室，很大，但是不是超級大。書架上全空，小李跟着我的視線，行長喜歡讀書，要甚麼咱們去買。窗子對面是中國銀行總行，看上去規模大很多。小李跟着介紹裏面一個

房間。他們把房間叫「屋子」，説是中午「休息」用的。有張牀，還有張按摩椅，休息用正好。牀鋪上的被子已經拉開，小李説：行長，先休息一會，等下請副行長休息好，過來喝杯茶。原來休息是習慣，聽説是好習慣。咦，原來裏面還有衛生間，連淋浴設備，想得很周到。小李很細心，把我留在屋子裏，把門一扣就出去了。不忘説一句：待會過來請我用茶。

我有點尷尬，真的要休息一會。在銀行這麼多年，中午從來沒有休息過，一般是把吃飯時間轉換為「加班」時間，把上午沒做完的事情清掉。現在來到北京，中午可以名正言順躺着休息，完全是另一個世界！不敢躺下去，我的習慣是一躺平就睡着，第一天就呼呼大睡，豈不是壞了自己名聲？旁邊有張按摩椅，坐一下不妨。

綿裏藏針

大概半小時光景，小金過來敲門，輕輕説：行長，茶泡好了，你看行不？他們説話，把「不」放在後面，意思是説「行」。好呀，我來試試。從「臥房」出來，坐在沙發上，心想：這屋子真不小。有位董事，剛才在董事會見過。應該是洪行長。他很客氣，伸出雙手，歡迎歡迎，咱們這棟樓不像

樣，不要嫌棄。以後有行長領導，肯定要換新大樓。真是話中有話，或許説是「綿裏藏針」。

　　小金一直站着，等我試過他沏的茶，點點頭説一句：這茶真不錯。他才滿意走了出去。門口又有一個人伸頭進來，原來是小李，他輕輕問我：行長還用車嗎？不用不用，趕緊推了。洪行長一看人來人往，趕緊跟小李説，叫小金守着門口，不要讓人進來。

　　他跟着對我説一句：這裏的人喜歡拍馬屁，不要理他們。很煩。

工作
體會
　　每句説都可能「綿裏藏針」，不要全部當真，細心琢磨才能理解箇中含意。

第 3 回　**見行長，長幼有序**

　　洪行長喝了一口茶，說這茶差一點。等會給我「上」好一點的，前個星期杭州來的新茶，我怕人家說我不識貨，補一句：是不是雨前龍井？是呀，行長識貨，在外國待了這麼久還分得出。「上」就是奉上的意思，有點北方口音。喝茶都有講究，我心中盤算，在這地方可要小心，很容易「露餡」，給人看出自己是外人。

　　沒一會，小金說梁行長來了。呃，請進。洪行長暫退，換來梁行長。馬上叫小金換過熱茶，不容怠慢。跟着就是另外的副行長加上助理行長輪流過來，英語叫 "say hello"，喝茶反倒其次。這裏的規矩是班子成員，不管是副行長或助理行長，一律尊稱為行長，等於說，咱們這銀行連我自己在內有七個「行長」，怎麼分？大家心中有數，不必說得太明白。

連連吃悶棍

　　最有意思的是咱們的首席財務官，是位女士。我的中國經驗告訴我，特別要尊重坐高位的女士，得罪不起。而且她是班子成員唯一的女士，這可不簡單。後來才知道，原來她的愛

人是四大銀行之一的董事長，我的判斷沒錯。她一進來，就盤腿而坐，說句略帶晦氣的話：這幫人力度不足，行長可要多指點。每個人只顧自己既得利益，要改呀，可不容易。講得很慢，有點像唱京劇，一口京片子讓人羨慕。問題是說誰呢？說誰不重要，說給我聽最重要：要改可不容易。

又是一句話中有話，間接告訴我，有國外經驗又如何？過江龍打不過地頭蟲，是天經地義的事情。一個下午，連吃幾記悶棍。大家似乎給我同樣信息：看清楚，別瞎搞。我猜想，我來之前，謠言必然滿天飛；有人有國外經驗來整治一番，再沒有好日子了。可以想像，但是沒想到，在這地方大家如此開放，一見面就開門見山，把事情說清楚。好意？還是惡意？都沒關係，說實話總好過說假話。

變身魔術師

心想，要改革先要改變。改變不了，就無法改革。內地的問題在於兩者分不清：嘴巴說改革，心裏不願改變。就是既得利益放不下，怎麼改？當然我沒這麼傻，一來就跟大家說些大道理。這個時候，用眼睛、耳朵做事，嘴巴要守住。說多錯多的道理，我自然明白。

可是我知道，這個「蜜月期」不會很長，甚至沒有。明天就要看我如何「發話」，發話是動作，目的是「提要求」。提要求就是要給大家明確的指示，大家以後怎麼走下去？不要忘記，我們的股東都是個人投資者，要求很簡單，年年賺錢就好。不，年年賺大錢才好。我以前做銀行，浸淫在「穩打穩扎」的價值觀之中，守住最重要。現在可不一樣，經濟起飛，滿地機會，不出去跟同行搶生意，怎麼可能？一旦去搶，規則自然會看輕一點，很容易出錯。兩者都有道理，問題是要取一，進攻？還是防守？而且是一兩天之內，要有個說法。好像變魔術，放進帽子裏明明是條手帕，打開帽子卻變成一疊疊鈔票。

我很清楚，大家在等着我變魔術。說真的，如果變不來，要我來幹甚麼？

工作體會

人前人後說要改革不會錯，不要說清楚怎麼改就好。

第4回　飯堂吃早飯，夠講究

　　第一天下班，一切正常，沒有應酬。我就臨時住在對面的民族飯店，上下班很方便，走兩步就是。小金陪我走過去，他話不多。但是我知道他很緊張，希望把我保障得好。30 歲不到的年輕人，在北京讀書，對我的背景很有興趣，可是不會主動發問。最多來一句：行長，這地方的人挺難弄，您可要注意。個個人都有點想法，人家說甚麼，您就甭管，跟我說就行。

　　看來是出自好意，我是採用西方「普通法」原則，沒有證明之前，個個都是好人。我忍住沒跟他說，否則他一定更不放心。對我不放心，似乎是一個「公約數」，小金是這樣，銀監會的小宋也一樣。莫非他們都看到前面有坑，而我看不到，一步一步邁向這個坑，所以他們為我擔心。其實，不止他們兩個，我自己更擔心。一直以為自己十多年的中國經驗肯定拿捏準確，兵來將擋，水來土掩。現在看來，要調低自己的信心。

如坐針氈的早飯

一轉眼，第二天上班。換了小李過來，車就停在門口。哎呀，開過去不順路，還要繞一圈，走過去不是更快？小李知道我在這麼想，輕輕說：主任在大門口等我，開車過去看上去有規矩。好，結果按規矩，花了十多分鐘，走路不過三分鐘。到了門口，主任一臉笑容，盛意歡迎。大門裏面還有兩位接待人員，一眾四人走向電梯。已經有人把電梯按停等我，原來是直上頂樓吃早飯（這時候，內地會說早飯，不會說早餐。有人習慣一早就吃飯）。先經過大堂，大概有四、五十張四人桌。前面有食物櫃台，像是自助餐，原來是給員工用的，免費。主任帶我進入旁邊靠窗的貴賓室，裏面有兩張大圓桌，可以坐上十人。旁邊有食物櫃台，也是自助餐。有四、五人已經在吃，有講有笑。主任拍拍手，新行長到，大家歡迎。隨着大家的掌聲，我隨便坐下。

不、不、不，行長這邊。要我坐在向着窗那邊，有景觀好一點。行長您要甚麼，我幫您。不客氣，我說我自己來。隨意看一下，有六款粥，小米、玉米、綠豆、燕麥等。有剛炸好的油條(不敢說是我摯愛)、蔥油餅、饃饃頭(肉碎嵌進饅頭)、玉米饅頭等主食，其他配菜有七八種，例如：毛豆、腐乳、榨

菜、芋艿、海帶、鹹蛋、皮蛋，都是很讓人饞嘴的東西。有位人力資源的助理總裁，站起來介紹，來一個介紹一個，還補一句：行長一早到，以後你們也要學習好榜樣。說是「如坐針氈」有點誇張，但是這種禮節，說多不多，或許這就是北京風範，禮多人不怪。

員工福利超海外

好不容易吃完，主任在旁陪伴。我一動身，他立馬站起來帶路。經過員工食堂，我說進去看看。大家一看見我就竊竊私語，大概猜到我是新行長，有點驚訝。員工吃的東西差不多，選擇比較少。但是油條擺滿一盆，明顯是自己剛炸的，香噴噴的，讓我忍不住多看一眼。主任補一句，自己炸的，沒有明礬。這道理我懂，沒有明礬都能炸得粗壯，證明料子足。

主任再補一句，中飯也在這兒，大夥兒免得外面跑，北京天氣熱，屋子裏吃方便。行長，您看咱們的伙食怎麼樣？咱們不能跟對面（中國銀行）比，可是咱們是熱情洋溢，要比人家強。是的，是的。我像是自言自語回了他一句。其實我在想，怎麼這裏對員工的待遇這麼豐厚，早餐免費，午餐免費，而且「應有盡有」，真是沒話說。我沒告訴別人，在美

國，在香港地區不是這麼一回事，自顧自。我們在國外或境外，總是覺得內地銀行落後，在供應餐飲這事上，我們該怎麼評價？

主任大概看通我在想甚麼，朝我笑笑説：照顧好員工，是我們的職責。

工作體會 吃得飽是過時的要求，現在講究吃得好。與時俱進很重要。

第5回　董事長駕到，肅然起敬

回到辦公室，辦公桌上空無一物，心想，難道行長桌上沒有任何文件？是常態嗎？小金趕緊進來，壓低聲音說：董事長馬上就來，說不定會請我過去。董事長原來有兩個辦公地點，在銀行裏有個辦公室留給他，跟我相差幾步而已。另外還有一個辦公室在三環底、四環頭的一棟商業大樓，據說是因為董事長經常見人（不一定是客戶），在行裏不方便，所以需要有另外辦公室以便會客。

今天過來，大概是因為我跟他還沒有正式見過面。照道理，我身為新行長，聽取意見與指導很正常。果然，董事長一到，就感覺整棟樓「動起來」，起碼人員走動遠為頻密。

分管工作免出亂子

時間到，輪到我。進入董事長辦公室，一股濃烈的煙味。那時候，大家還是在屋子裏抽煙，沒甚麼規矩說不行。請我入座，馬上遞煙給我，我一向不抽，也不想破戒。帶着笑容搖搖手，他說：對對對，外國回來，多數不抽煙。我們抽慣

了，沒辦法，戒不掉。

怎麼樣？習慣嗎？這地方的人多講兩句沒關係，他們很多東西都不懂的，多多指點為要。他沒有北京口音，聽說是河南人，算盤很精。他講話語速比一般人快，大概是急性子。大概是做了多年行長（我的前身），經常訓話，所以他的話中經常有三字經，看來做領導三字經也是一種「必需品」，威嚴可能就是這樣樹立起來。

他開口了，叫我「老王」。我馬上回應：是，董事長。有點像電視劇那樣，回應皇上：臣在。他繼續說下去，咱們這地方要先決定「分管」，就是誰管甚麼先弄清楚。這班人麻煩，我知道。所以，人跟財，我來扛，你別管；我從黨委這邊來管他們。你剛來，先認清形勢，分管零售、科技與公關。其他的事務，我會通知班子成員，放心，他們都熟悉該做甚麼，不會出亂子的。你有豐富經驗，一看就懂，咱們合作把銀行搞好，大家都好。接着是一輪響亮的笑聲。

好，你去忙。我回去了，有空再來看你。跟着拿出兩張信用卡，一張你拿着，另一張給小李吧，要買甚麼就叫他去，一定辦妥。在北京，就當這裏是家，大家一家人，不客

氣。拿了卡，我退出他的辦公室。董事長真體貼，一來就把事情吩咐妥當。我正式開始分管零售、科技與公關，有實務在手，感覺不一樣。回到辦公室，小金已在等我，怎麼招？「怎麼招」是北京俗話。這時候，我剛學會本地人不說怎麼樣，説怎麼招，好像怎麼過招那樣。

我説：沒甚麼，董事長已經把分管定下來，等下通告班子成員。小金笑笑，他説他老早就知道了。零售在整盤業務上佔比不大，大家都在忙着「對公」業務；科技老早定型，沒甚麼要改動；公關就是搞搞社交關係，大家都懂的。他這麼一解釋，就是告訴我，這是好差事，一路平坦。我想，可能看到我新來，不想我扛重頭戲，先行觀察再説。

行之已久的「問題」

不過，我多少有點好奇。把小金留下，問清楚，甚麼是分管。原來是把銀行分好幾塊，班子成員一人拿兩三塊。比如説洪行長負責對公業務，另外有人分管資金，也有人管租賃，少不了有人管風控。但是，誰是總負責人？就好像我們在海外有個 CEO，全權負責。原來這裏不是這樣，把銀行拆散了，各有負責人。要説的到位，這負責人就是「總」負責人，

不是由行長一個人全權負責。

這安排好像有點不妥呀？但是每個人都知道，「行之已久」的問題就不是問題。

工作體會　見慣不怪就是「因循守舊」的源頭，多年積累的問題很難一刀切除。

第 6 回　銀監會要見面，有密令

分管的事情，的確讓我有點迷糊，到底權責該怎麼分？比如說，我分管科技，萬一出了事，理應由我負責。如果是出了壞賬，由分管行長負責，是不？但是我做行長，要負甚麼責任呢？不會沒有責任吧？越想越多問題。忽然想起，到了銀行好幾天，還沒看過銀行的組織架構圖。記得在外資銀行，這個圖很重要，可以看到上下的關係，誰向誰匯報。

微妙內部管理

連忙問小金，這圖哪裏有？他有點迷茫，分明沒見過。但是他是一腔熱血，連忙說：行長，您教我，我做給你。不用了，我說我心中有數。其實不難，縱向有各班子成員把銀行切分，各自負責一塊，七個人分成七塊。橫向來看，班子之下就應該有部門總經理，再下去就是副總經理。不過要小心，分行也有行長、副行長，聽起來跟總行班子成員的頭銜一樣。外人分不清楚，我們自己人自然明白，誰大誰小不會弄錯。但是有個名稱叫做「領導」，就很難分高下，大家在員工嘴邊都是領導。如果真要分清楚，總行領導叫做「行領導」，有點微妙的區別。

以前在外資銀行，總有一張組織架構圖掛在辦公室。一看就知道誰是誰，位置高低很清楚。人家卻沒有，也不覺得不妥。幸好沒叫小金畫一張，弄出來肯定「招風雨」，這地方最怕「朝來寒雨晚來風」，小心為上。後來理解，組織架構圖只是「行政部門」的圖表，不算甚麼。因為圖表裏面的人物（除了我），一般有雙重身份：是行政，又是黨政。後者不用圖表，大家都知道「圈內」人士是誰。

所以我空降到北京做行長，身為外人，要參與他們的會議就不簡單。先要申請。批准後才能把會議「擴大」，把我給加進去。一看到是擴大會議，就知道我要參加。我剛上任，自認好奇，希望很快有機會參加，增加對內地管理方式的了解。這一來，就懂得多一點，為甚麼內地多會議？有一定道理，因為有兩個組織架構，各有事項需要「議一下」，如果遇上棘手問題，時間自然拖長，整天好像都在開會。

會見神秘主席

小金很重要，甚麼事都經過他。沒人會直接找我，他就是我的「接線生」，很忙。我相信，他必然盡力為我擋駕。因為人人都想見見新行長，打好關係準沒錯。需要我見的人，他會馬上幫我約好。逐漸發現，小金這人有一定威望，跟行長見

面與否，他說了算。

這一天，小金告訴我，會裏面主席要見我，最好在會裏吃早飯，大家講話方便。不會很長，最多半小時。好呀，我正好有好幾個問題想弄清楚，有高層指示最好。依時讓小李開我過去，在西三環，不遠。門口有點氣派，跟以前不一樣，大概是監管範圍逐年擴大，需要更多地方。那位小宋在門口把我接到他們的飯堂，有塊屏風擋着。裏面有主席，兩位副主席，小宋站一旁打點。我趕緊打招呼，真有點像「他鄉遇故知」。

吃的東西很簡單，豆漿、油條、蛋餅之類。旁邊有條小毛巾，萬一緊張出汗可以用。主席很直接，一句話就到位。這銀行需要改革，好幾年都是老樣子。我的海外經驗現在有用，一定要大力指出問題，盡快修正。會裏面會大力支持，放心辦事就好，不要聽人瞎扯。瞎扯就是胡說，這話我懂。

不過，他補了一句：民生的黨政他也管。接着笑笑，現在不懂，很快就懂，不着急。

工作
體會

內地的俗說：監管是爺爺，我們都是孫子。有道理，謹記！

第 7 回　桌面上的話，不能盡信

　　吃完早飯，小宋送我出門。眼見四顧無人，他湊上來，壓低喉嚨跟我說了幾句話：桌面上的話聽過就好，不要放在心上。這幫傢伙很難弄，要搞改革，老早就可以改，就是改不了。要咱們改，開玩笑。他的話，我全聽進去，他很誠懇，抓住我的手，有如多年不見，我是願意聽他的。在北京，這樣的辦公室助理，心裏很明白，到底葫蘆裏賣甚麼藥。肯跟我講，也是一番好意。

　　回到辦公室，腦子轉不停。到底哪句話是桌面的話？或許全是？我當然懂，要改，談何容易？走慣了一條路，風平浪靜，不是蠻好？要改？豈不是自尋煩惱，肯定有抵觸。我知道，這時候要問出一些苗頭，不能向上走，要向下走。甚麼意思？上面的人肯定給出一串桌面上的話，無關痛癢。問下面的人，或許還有機會能夠問出一些端倪。這是我過去的經驗，走親民路線，容易聽到小道消息。

不求上而改問下

　　小金進了辦公室找我，說有位姓張的董事想要見面，有點兒事。這種「有點兒事」一般都是麻煩的前奏，但是也不能說沒空，下次再說，對方肯定不爽。只好叫小金回答：好呀，很樂意見面。小金馬上安排車，去長安街的凱悅酒店。我相信，他一定會挑選某個神秘的地方來見面。我不明白，何必要如此神秘？跟我見面如同「通敵」？莫非我在某些人心目中就是「敵人」？

　　我故意叫小金去買點文具，路上只剩下我跟司機小李。我先開口，問問他家裏人，身體可好？接着問他：有沒有聽過姓張這個人？有，他在倒後鏡看了我一眼。不是好事，小李說得很直率。為甚麼呢？我追問。他說這個人總是想提拔他在行內佈置的「自己人」，原來還有「小圈子」，應該還不止一個，不過這也不完全是新聞。安插自己人很平常，起碼可以做線人，有甚麼事馬上通報。令我想起人家下棋，下棋的人不在現場，靠遙控，有意思。

老油條對老油條

我越來越喜歡這份工作，有時候像是私家偵探，靠推理找出一些眉目，亦真亦假。我想，這工作真的要動腦子，還要眼觀六路，耳聽八方。見到這位董事，他還是老樣子，帶了帽子，還有墨鏡，讓人認不出來。第一句話，跟銀監會的差不多，這銀行要改革！要換人，有些人佔着茅坑，不辦事不是辦法。你是行長，而且新來，換人最好時機。隨後拿出一張紙，上面有三、四個名字，換上這些人你就太平了。一看，很清楚，甲乙丙丁，是他推薦的人。這時候，要耍太極，要改革換人免不了，這事要細心考慮考慮。

「考慮考慮」是慣用語，意思就是慢慢來，不急。下一步就是研究研究，再看看，弄清楚。很明顯，老油條碰上老油條的話語。我刻意要讓對方知道我是老油條，也懂得多少國情。不要以為我是從外國空降而來，就可以隨意跟我忽悠。忽悠就是「騙騙人」的把戲。我可明白，對方如果心急，想要得到自己想要的東西，有可能走下一步，就是「要你好看」，怎麼好看，就要看對方有多少板斧。

他説，這種事不宜拖。快刀斬亂麻最好，否則夜長夢多，就不好弄。我在香港幹銀行的時候，偶然也會碰上一些麻煩的客戶，喜歡來一招拋浪頭，這事跟你大老闆説好，你照辦就可以。否則，大老闆怪責，不要怪人。一般是為了貸款的事情，很少像如今碰上「干預內政」的把戲。不宜拖，是時候結束對話。這時候，千萬不能説：這事包在我身上。等於答應，不妥。也不能説：這事很難弄。表示拒絕，也不妥。最合適就説：咱們想想辦法。

這句話就是説：幾乎不可能，但是盡力吧。説盡力就是無力，客氣客氣而已。

工作
體會　　「盡力而為」是表面的話，真正的意思就是無力無為。

第 8 回　北方人講話，可靠不？

一上車，小李就問我：這個人怎麼招？我就回他一句剛學會的常用語：還行！我意思說我還行，沒有上當。可是我並沒有說他還行。小李很細心，再問一次，他這個人怎麼樣？不怎麼樣，沒甚麼可談的，是我的回答。小李忽然來一句讓我驚訝的話：別相信北方人。北京不是北方嗎？原來對北京人來說，北京以北才是北方。這句話值得琢磨，北方人不可信，先記下來再說。來到北京沒多久，就學會好幾個本地人說話的巧妙。

北京人的傲氣

我馬上問他：那麼南方人怎樣？是不是南蠻，講話野蠻？他笑笑，這倒沒有。南方人的話聽不懂就是了；他說的南方人肯定包括上海人，上海話也屬於搞不懂。北京人有種傲氣，我逐漸能夠體會，自動把「兒音」提高一點。到羅馬就要學羅馬人，到北京一樣要學北京人。我平時不說自己是上海人，因為上海人在北京並不「吃得開」，吃得開是上海話，指上海人比較靈活，社交面較廣。北京人自認老實，不懂得滑頭

滑腦。所以我不會傻呼呼，四處告訴人我是上海人。同時，我也知道，香港人更差勁，跑內地生意，普通話都說不來，而且小氣，因此北京人把我們香港來客當異類。說實話，有點看不起。我心裏很清楚，不少香港人覺得自己很國際化就看不起北京人。不過彼此沒有利益衝突，大家也就相安無事。

小金有電話來，說有位股東董事在行裏等我，想見面打個招呼。好的，馬上就到，稍等。見面一看，原來前幾天在董事會上見過面，在中部做農業的。我們這家銀行屬於私營，股東大多數都是白手起家，跟政府機關沒有直接關係。找我幹嘛？跟人事變動有關？一見面，寒暄幾句，我叫奉茶。對方的確是生意人，不用了，有事很快就走。他靠近一點，輕聲說了兩句話：看準了再說甚麼改革，有人就喜歡瞎扯。好了，走了，下回見，說完就走，有如神龍不見首尾。

四合院中的中國會

腦子有點混亂，有人說要改革，也有人說不能隨便改革，更有人說要換人，身邊的人說其他人都在瞎說。各種說法之間沒有「公約數」，表面上各有各的道理。這時候，小金給我出了好主意，他說帶我去看看附近的中國會。中國會跟香港

的中國會無關，但是裝修還是十分中國化，尤其這家會所位於一個四合院之中，很有特色。下班後就過去，原來想我入會，讓我有個地方可以休閒。這倒是一個不錯的主意，跟國外來客見面，這地方蠻適合。四合院中間有棵松樹，院子正中對着大廳，宴會最合適；旁邊是好幾個偏廳，小規模吃飯、談話很恰當。起碼 200 年的房子，全是木頭搭建。桌椅都是桃木，顏色有點剝落，很像我們在故宮看到的那些傢俱，隨時令人「發思古之幽情」。

小金帶我來到一個酒吧，旁邊牆上有書架，放置不少古籍，不知道是誰的收藏。有兩張舊的皮沙發，旁邊有小茶几，還有一盞燈，看書最寫意，當然不要忘記來一瓶冰冷的啤酒。最好的是很安靜，裏外都沒人。只有院子裏兩三隻烏鴉在地上覓食，有點叫聲。聽説，烏鴉喜歡聚集在長安街，因為車多，產生廢氣，對烏鴉來説，是暖氣，所以都聚在附近。

入會價格不便宜，要幾萬元人民幣，我不想銀行付，雖然我知道小金就想讓銀行付，算是營銷費。我當時頭寸還行，堅持要自己付，小金看着我，不作聲，大概覺得我這個人老古板，或許是不可理喻。或許是我多心，不想給人任何藉口説我貪小便宜，情願自己付會費就好。改不改革是以後的

事，但是起碼我要給人一個清廉的形象，我可不是來貪小便宜的。另外的想法，是因為這地方很多坑，不少是有人故意挖的，一不小心踏進坑裏犯不着。

當晚，我就坐在四合院大廳獨自吃飯，抬頭看到明月高掛，四顧冷清，寂寞中有點涼意。

工作體會　北京以北是北方人，以南是南方人。思維方式不一樣，必須小心對待。

第 9 回　新行長第一個任務：提要求

　　好不容易，在北京度過第一個星期。大家都在問，新行長甚麼時候提要求。我們在香港可能不懂，甚麼事要提要求？我也不懂，在滙豐的日子從來沒有這回事，最多每年給自己下屬一個業績指標，英語叫做 "Goals and Measures"，簡稱 G&M。顧名思義，有目標，有衡量，每年做得好不好，一目了然。比如說，某分行一年要賺 3,000 萬，結果只賺 500 萬，業績自然可以算作「不理想」。如果是 2,500 萬，可以成為「欠佳」，獎金自然削減，甚至取消。要注意，每個單位根據地理環境與商業條件有不一樣的目標。目標下發是上、下級之間的協定，不必公開。

向全體提出工作目標

　　但是我們在北京似乎大有不同，行長先給出他對全行的要求（由財務部門預先算好），讓行長公開說出來而已。至於下一步如何「化整為零」，那是由分管行長負責下發。所以由行長先說出全行的目標是第一步，其他副行長才能走下一步。今年正好是新行長上任，已經過了半年，行長是繼續前

人所定目標，還是另有想法，大家想知道。這種心情可以理解，我沒有必要，也沒有外來的壓力要把目標提高。或許這就是一般人所說的「蜜月期」，過了這半年，誰也說不攏，董事會會給我怎樣的指標。

全部在北京的支行行長、副行長都到齊。香港沒有支行概念，要解釋一下。內地各城市都有一家規模大的分行，北京、上海、廣州不用說，一定有。其他省市一樣，例如山東、山西、河南、河北都有一家分行，好像是一家「迷你」總行，管轄省內其他規模小一點的支行。彼此是上、下級關係，上級有領導作用。所以在內地，經常聽到人家稱呼別人為「領導」，就是這個道理。支行行長本身在支行內就是所有員工的領導；分行行長就是所有支行行長，加上分行部門主管的領導。好像領導無所不在，這是不爭的事實。

其他分行行長，一般靠視頻來參加，省錢也省時間。但這次不一樣，新行長上任提要求，絕對重要，所以大家都來了。可以想像安排接送航班、酒店住宿、走訪客戶等事宜，用上的人力、物力難以想像。終於等到新行長上任，難得機會跟行長碰面，看看這人是否容易應付，是大家心裏話。銀監會也有部門領導過來監督，可見這會議絕對是年中大事。

在公式講話中加點辣

所有數字在前一天都給了我，一大堆。跟我的習慣不一樣，我喜歡簡單明瞭。各種圖表加上大大小小的數字，一個個讀出來，起碼一個小時，簡直是催眠。我不想要求更改，臨時的改變產生巨大的壓力，不妥當。最多我自己挑幾個關鍵數字跟大家「過一下」就好。過一下，就是本地俗語，知道就好的意思。其實，我想留點時間讓我發表我第一次講話，老外把這種講話叫做國情咨文，英語叫 "state of the union speech"。

小金很雀躍，等待新行長發表重要講話。前一晚小金給我一篇稿子，不長，要濃縮不難，就是這幾句話的延長版：高興見面，前有挑戰，同心協力，奮發進取，再創高峰，祝願順利。完全是「老生常談」，何必把分行行長請來聽這些「廢話」？不行，不行。我不願意掩埋自己的價值，說些套話就交差。如果這樣，又何苦把我找來實現改革？

小金很努力，好像理解我的意思。不行，馬上改，他即刻去拿紙筆。我說，不必了。就這份稿，到時候我就「爆肚」，來個「加辣版」就可。我還特意解釋給他聽，甚麼是爆肚，甚麼是加辣，他笑笑說：行長，別太辣。

在內地，像小金這樣的年輕人還有不少。知不足而學，
問題是要有好的老師。

工作
體會

首次見面就要「擺要求」，就是要下屬聽自
己的訓示，不要小看。

第 10 回　改變視野：向下看，向外看

上任一個星期，終於召開「行長見面會」，還要讓我提要求。因為人數多，大概 200 人左右，會場設在銀行對面的民族飯店。會場頗為壯觀，講台上有很大的橫幅，寫着「中國民生銀行年中匯報大會」，還豎起八面國旗，鮮花作為裙邊裝飾，加上雄壯的進行曲，大家魚貫入場，很有氣勢。我還是第一次近距離目睹這種場面，有點激動，心跳加快。心想，沒一會我就成為主角，發表我在銀行第一次講話，說實話，有點緊張。不是以前沒有講話的經驗，只是我知道這次的聽眾對我有莫大的好奇與興趣，產生無形壓力。

正如我猜想，董事長也來了，大場面少不了最高領導人。照本地規矩，他先講，鼓勵與教訓並重，然後到我發揮。沒想到的是第一排留了半邊給媒體。記者來了五六個，有一兩個在跟小金商量，估計是想約我單獨訪問。時間一到，司儀上台宣佈：會議開始。有請董事長發表重要講話，高層講話，總要稱之為重要講話。發現他用稿子，明顯是要給媒體發表。聽說他以前很隨性，開口就講，講話動聽，長短不定；不用稿子，一般好聽。

講話也有「方程式」

　　有稿子的講話，大致上分為幾段：歡迎、挑戰、合作、努力、祝願（很少說祝福）。不用稿子就加多一段罵罵人，時間可長可短，視乎要挨罵的人有多少。學會這種「方程式」很有用，放諸四海皆準。董事長的講話不長，雖然他是新上任為董事長，大家對他很熟悉，沒有新鮮感，但他也不覺得要花太多時間來「教訓」大家。其實，大家都在等我講話，看看有沒有「新意思」。

　　輪到我了。我很鎮定，用我還記得的北方口音（多點兒音就是了），跟大家「過一下」下半年的目標與預算，其實都是大家已經知道的數字，總之業績要以雙位數增長。我們這銀行有種安排跟人家不一樣，我們分行行長有較大的自主權，賺得越多，可以用的錢越多，不管是人員聘用、營銷策略、應酬費用，行長說了算。所以大家聽到預算依舊，就很安心。花錢是他們自己的決定，可以看出大家都鬆了一口氣。

空降做領導，發表講話「提要求」也是一大學問。

提出突破兩要求

　　我接下去説，我第一次講話多幾句，請大家留意。我説我要提多兩個要求，第一個是「向下看」，第二個是「向外看」。如何解讀？首先，我們一向是朝着上面的老闆看，看他的臉色做事。這很正常，海內外一樣。有誰不看老闆臉色做事呢？沒有。但是我第一個要求，是要大家向下看，看看下屬工作上有甚麼需求？怎樣幫他們把事情做得更好。好像一場足球賽，有時候我們是教練，有時候我們是隊醫，有時候我們是隊友，也

有時候我們是來捧場的觀眾。現在講合作，就是要各級領導向下看，不僅是看，還要關注，照顧，體貼，才能勝任一個好的領導。看得出來，諸位行長很詫異，為甚麼新行長發表這樣的講話，是不是有所暗示？也有好幾個交頭接耳，有點不自在。可以理解，有些行長平時就是「土皇帝」，高高在上，哪會向下看？這句話可謂一針見血。

第二個要求是向外看，為甚麼？我們不是在討論國際化，國家鼓勵我們「走出去」嗎？對外開放是希望外資走進來，向外看就是武裝自己，希望加強實力走出去。先要理解外面是怎樣的世界，千萬不能把海內外的銀行業務看成一個樣：我們怎麼做銀行，人家在海外也一樣。沒有足夠的認知，隨意走出去只會碰釘，沒有好結果。走出去之前，大家要留意國外形式，只會做項目貸款，靠政府支撐而忽略獨立審批，走出去只會踩進坑裏。我有一句不客氣的話，不吐不快，就是我們的外語能力還遠遠不足以喊出「走出去」的口號。這也解釋向外看有個必須條件：必須幹部年輕化。不能再靠延續「酒精文化」來支撐國際化。我知道，我的話有點刺耳。但是向外看是持續發展的一塊基石，必須讓大家知道其中的重要性。

講完有熱烈掌聲，相信我的到來帶來新希望，國際化不是遠景，是願景。

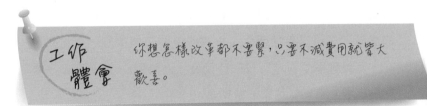

工作
體會

你想怎樣改革都不要緊，只要不減費用就皆大歡喜。

第二章

盡快爭取做自己人

第 11 回　羣眾的歡呼，不一定是好事

在行長發佈會上，聽到總行部門總經理以及分行行長的掌聲（算是熱烈），有點飄飄然。自己認為向大家拋出改革意識，覺得振奮人心的時刻已經到來，心滿意足地走下台。散會後，有記者上來訪問。或許他們在想：新行長的真知灼見不同凡響，有如平地起雷，改革有如旭日東昇，大家屏息凝神等待新的開始。

大家的關注點集中在「西方管理理念」，想從我口中得知如何傳送到銀行。我在中國內地多年，知道低調永遠好過高調，高調往往帶來悲劇。故意把焦點扯近內地市場大家常用的話題，我解釋：向下看就是「以人為本」，關注員工發展；向外看就是「以客為尊」，改善客戶服務。我只是用另外一種說法來演繹國內常用語，沒甚麼了不起，也就是我們在香港所說的「兜住」，不想給別人大作文章。

破格發言不獲認同

　　沒想到，我說的話很快就在報紙上出現，有張大報甚至把我的「看來看去」放在當眼位置。有位認識多年的行家甚至打電話給我，恭喜我一番，說是「新人事新作風」，可喜可賀。他的話讓我感覺一股涼風吹上來，有點不自在。更不自在的是，沒有人再提起這件事。不把這說法當一回事？還是大家不想跟這件事有關聯？心裏開始有點忐忑。

　　過了一天，銀監會有人傳話給小金，叫他以後要幫行長寫稿子，不要讓行長費神。其實，是有稿子的，只不過沒有「看來看去」那些話而已。等於說，我跑出界線，講的話跟預先安排好的話不一樣，而且還見報，事情不妥。小金有點冤枉，因為是我沒把添加的講話給他，他交上去的稿子就少掉關鍵話語。對方還算客氣，只是告訴小金以後要小心，不要讓行長費神，把「黑鍋」甩給他，並沒有說我有甚麼不妥，大概是給我面子。不過要注意，傳話過來的人，也是傳話而已，必然是上面的人有話，才讓他傳話。他的原話是怎樣就不得而知了。

學懂找出坑邊的路

　　當晚，頗有涼意。我一個人跑到中國會，在酒吧坐下，喝一杯啤酒解悶。同時，也分析一下局勢。妥？妥在甚麼地方？不妥？不妥在甚麼地方？心想，每件事情都可以有褒有貶，何必計較。但是目前我處於「如履薄冰」的階段，人人盯着我看，不是看好，而是看我出糗。或許，我夠「老謀深算」的話，我該交行貨就大吉大利，何必惹風入肺，自討苦吃。但是回頭再想，也沒人當面說過我的話有甚麼不妥呀。趁夜色正濃，再喝一杯，想太多傷腦筋。

　　過兩天，董事長過來開黨委會。這是他們的例行會議，我沒參加過，也沒資格參加。只能靠一些「道聽塗說」知道一點他們關注的話題。不過一般開會的人嘴巴很密實，信息不會外傳，所以聽到的不一定完全傳真。這時候，我才意會到小金當天為何給不了我一張組織架構圖，因為不止一張，還有一張更重要。當然我相信，兩張圖的人相差無幾，只是責任不完全一樣而已。開完會，董事長經過我的辦公室，笑笑，揮揮手，說一句：還行吧！有空咱們喝一杯，其他甚麼話也沒說就走了。班子成員也沒說甚麼，可是我感覺到密雲滿佈，莫非打雷就在眼前？

　　記得內地有句話：地下多坑不要緊，懂得坑邊走過就好。跟自己説：找坑邊更重要。

工作
體會
　　公開講説話要看風向，自作聰明逆風而行沒有好結果。

第 12 回　空降部隊要看準，不要掉進坑裏

　　董事長開完黨委會，帶着笑容走了。他有雙重職務，一是銀行董事長，二是黨委書記。這邊的董事長有點像「超級行長」，説話聲音比行長大，每個人都聽他的。不要以為有事先問行長，再問超級行長。其實是反過來，先問超級行長，沒問題就告訴行長，這事已經 OK 了。這是習慣，短期內改不了，也沒人想改。所以有事來到我面前，基本上已經拍了板，不用擔心。但是從「西方管理」模式來看，有點不清楚，萬一（我説萬一）出了事，誰來負責。一人一半？還是第一決定人全責？

解決問題看領導力

　　不用猜，出了事再説。這裏工作的好處是：別想太多。先天下之憂而憂，在這裏不流行。後來，我逐步了解怎麼看問題。不是沒有問題，如何解決問題最重要。跟着班子成員，學習解決問題。方法有兩種：理性處理：時間長，效果不好；感性處理：快捷便當，一了百了最妥當。如何區分？要看領導認識哪個領導，找到合適的對口，總有辦法解決。所以，領導

力有不一樣的定義；「領導力」就是解決問題的能力。跟西方教科書所給出的定義不盡相同，用甚麼辦法，可以説「各司各法」，能解決問題的領導才是好的領導。

作為空降部隊，認識的領導有限，肯定不能算是好領導。有事情爆發，肯定不能擺平。這是我無法改變的「缺陷」，只能靠自己身邊其他領導想辦法，無形中降低自己的身價。我看，目前不爽的氣氛，不是來自領導力的「缺乏」，而是沒有把事情攤在桌面上，讓大家都知道。比如説，我的「看來看去」就沒有跟上層的大夥講清楚，大夥接收消息的時間跟其他下屬一樣，那就不是「長幼有序」的安排，自然不爽。

我看，不用狡辯，是我疏忽。應該先把話説給大夥聽，不能隨意上台「爆肚」。我喜歡「爆肚」是以前的習慣，如今可算是陋習，必須改。但是怎樣才能告訴大家呢？原來，我已經掉進坑而不自知。班子成員是要開週會的，而我已經兩次沒開，也沒一個説法下次甚麼時候開。心想，大家別小氣，是我不懂條條框框，誤了兩次班子會，真是過意不去。下週馬上開，一聲號令，同一層樓的人馬上就動起來。不斷有人説：下星期開班子會。就好像晚上沒開燈，大家要摸索前進。一開燈就如同白晝，大家活躍起來。

需從「遊說」達成共識

　　洪行長自動走過來說：咱們下週開會，是不？是是是，我連忙回答。他接着說，行長有甚麼指示嗎？原來指示先要說好，否則到時候要辯證就不好。團結一致有先決條件，大家先在會下摸摸底，是冷是熱？大家先搞清楚。洪行長走之前，加多一句：問問對面屋子裏的誰誰誰，他們想法比較多。想法比較多就是有可能有反對意見，先去摸摸底也是明智之舉，告訴我也是出於一番好意。作為空降部隊，一方面禮多人不怪，另一方面有共識才是團結合作的基礎。我是一邊做事，一邊學習。

　　要有共識不難，就是要花點時間。先去甲那邊，客氣一番之後，讓他同意我的想法。再去乙那邊，走同樣流程，加一句：甲已同意。再去丙那邊，再走一次同樣流程，不忘這一句：甲、乙都沒問題。如此類推，走完程序，就知道建議有可能落實。不過是花點時間與心思，加點客氣，事情不難辦。但是如果沒有這套流程，就有點麻煩。甲想反對，但是怕說出來，別人知道。乙同意，但是不想別人以為他靠邊站。結果是一個大家內心深處都有保留的同意，肯定沒有好結果，隨時落地不能開花。後來我才知道，這就是我們經常說的「溝

通」。英語絕對不能翻譯成 "communication"，最接近的翻譯是 "lobby"，也就是一種「遊說」。這話令我想起以前讀過的「合縱連橫」，差不多意思，幸好已經簡稱為「溝通」。耽誤了班子會，產生不便，很抱歉，是我第一次開班子會首先講的話。

空降部隊總有機會掉進坑裏，別怕難看，趕緊爬出來，繼續向前衝，是為上策。

工作
體會　經常說要「溝通」，其實是「遊說」，爭取對方同意才是。

第 13 回　經一事長一智，要做自己人

　　身為空降部隊掉進坑裏，顏面上不好看。幸好坑不深，馬上爬出來，難得還有人過來扶一把。洪行長在班子會結束前，説了兩句話：行長説得對，我們真是土包子，快找機會出去見識見識。他是快人快語，一方面為我的「看來看去」擋駕，另一方面鋪路讓大家走出去看看。自然人人歡喜這種説法，開始討論該去哪裏「見識」一番。説句真心話，這種思維方式值得學習。

　　銀行賺錢，理應花點錢栽培管理層，天公地道。我的「向外看」能夠帶動一種追求進步的氣氛絕對是好事，而且洪行長那種不露痕跡而能夠「食住上」的手段，要得。我的所謂「西方管理理念」，不外乎來自滙豐銀行。有值得學習的地方，但是滙豐的「嚴控成本」在當時中國內地迅速發展的階段就不合時宜。我在滙豐嚴控成本的環境下成長，腦子裏全是節約的念頭，想到甚麼都會扯到節約成本，在當時的情況不合適。當時盛行的想法，在於多花錢，才能多賺錢。這一點，在民生銀行是金科玉律，事實上的確證明有效，因為我們銀行的業績在銀行業來説，的確響噹噹。有不少行內人同意，我們會花錢，果然不一樣。

脫掉降傘融入本地

這個「會」字有雙重意義。一是「願意」，二是「懂」。只有一個會，不算真的會。所以，民生業績上得快，有一部分原因來自這個「會」字。對我來說，是一個學習的過程，我也學會客氣，經常說我不會花錢，要向他們學習。也是語帶雙關：我不懂，就是略帶諷刺；跟大家學習，表面謙虛。說實話，這地方的確有不少東西可供學習。來了不到一個月，我開始喜歡這裏的氛圍，最要緊把自己身上的「降落傘」脫掉，開始學做本地人。上頭說的改革，放一放再說。

我覺得班子成員對我算是很客氣。一方面是修養到位，另一方面是想我帶動大家產生新思維。而且是上面推薦過來，必然有高層支持。幾個原因造成某種程度上的禮遇：禮貌與謙虛，加上不像香港人說的普通話。

禮貌是必須有的態度，不管對方是誰，碰上總是以禮待人。我對「禮多人不怪」的道理深信不疑，不僅是不怪，有時候還會以禮相對。同時，我絕不會認為我是海外精英，你們都應該來聽我的。我深知海外的道理有一定的可取之處，但是把這些道理在中國落地，有一定難度。我不會忘記，我從滙豐銀

行而來，它是大銀行，説得難聽，是客戶求它，多過它求客戶。不少事情，尤其來銀行貸款，客戶多少有點「屈就」，導致我們產生一種高人一等的傲氣。逐年逐月，把謙虛兩個字忘得一乾二淨。

內地銀行管理像樣

從班子會來看，大家都在同一條路上思考問題。追求的是統一思想，達成有效的「集體管理」，不是我做行長一個人獨斷獨行。我沒跟他們逐一商討，就放話要「走出去」，大家自然會有不爽，可以理解。尤其是在大場面發表意見，預先溝通確實有必要，我是犯上「偷步」之錯，不妥當。我來這家銀行，表面上是我帶進西方管理模式，但是從第一個月來看，他們的管理模式蠻像樣的，反而值得海外的行家參考與學習。説起來，這也是海外行家，甚至媒體的一個誤區，以為內地銀行（還有其他單位）管理低效，決策緩慢。其實要經過親身體驗，才知道它們的進步，不可同日而語。

從內部角度來看，重要決策必須經過雙重「把關」，有其必要性。第一次經過班子會的討論，研究利弊，要全票通過才能走下一步，也是無可厚非。第二次的討論焦點不同，不再是

行政方面的考量，而是由負責黨務的委員，從整體利益的角度來衡量。等如說有雙重的保障，有相得益彰的效果。我從第二個月開始，就被邀請參加黨委會，不過要把會議的名稱改為「擴大會議」，讓人知道有第三者參加。我很感激這個邀請，讓我可以從不同角度看事情，我也懂得規矩，甚麼我該說的、我能說的都盡力而為。其實，大家有相同目標，都希望這家銀行能夠走上正軌，大步向前。

在北京短短一個月，讓我腦洞大開。所見所聞證實各方面進步，帶動快速發展。

工作
體會

表面上一個人說了算，其實這個人說話前，跟對方已經有了默契。

第 14 回　做自己人絕不容易

　　放下我背後的降落傘，誠心做自己人，很不容易，不是自己想做就可以，要別人接受才行。做自己人有兩個標準：身份與言行。身份分兩種：天生與後天。天生是北京人，就容易成為自己人，如果天生是上海人，就不容易做自己人。我們在香港，不作這樣分類，雖然多年前，我們也把外地（廣東以北）來的人，稱之為「老宋」（讀音是 lao sung），多少有點看不起。換句話説，老宋就不是自己人。從北京人角度，上海人有點像「宿敵」，有三點不順眼：上海興盛，人氣較旺，上海人自覺高人一等；上海人離鄉來北京，屬「二等公民」，理應低頭做人；上海人一向「馬大嫂」，北京人看不起。上海人很清楚，男人一般有三個習慣會給人取笑，以上海話來解釋，「馬」是買，男人負責買菜；「大」是洗，男人負責洗衣服；「嫂」是掃，最後男人還要負責掃地。

自己人講「身份」與「言行」

　　這樣的形容，必然有一定的道理，上海男人在北京自然給當地人看不起。天生是上海人，無法改變身份，就很難混進別人的圈子。這一點我理解，像我的身份人家就有點糊塗，不會輕易把我排除。何以？我在上海出世，台灣地區長大，香港地區立業。而且在美國、加拿大生活好幾年。自然不算北京人，但是不知道該把我當作哪一類人。身份不明，反而容易混進他們的圈子。滿足第一個條件，要花點工夫；滿足第二個條件，要把握北京人的言行，而且要跟着做。正如西方人所說：在羅馬，要跟羅馬人一樣做事。

　　言行則分言與行。「言」有多種標準，說話強而有力，聲音響亮，聽到的人多，相信的人也會多。要別人相信是生存或發跡的重要條件，所以不僅聲音要響亮，講的話吸引人也同樣重要，最厲害是假變真，虛變實。這種功夫是「知易行難」，能夠做得到家的人不多。另外，講話有權威性也很重要，每句話好像都有出處，最要緊是哪個高官口邊漏出來的話，能夠講得出，而且有可信度，這才是言的真功夫。

「行」是修養的表現，一般人做不到，就算想做，經常東施效顰，不倫不類。行為舉止優雅，氣質出眾，這是百中無一的人物，要學也學不來，所以一般人來説，就算有言，但是少了行為舉止，很難讓人接受為自己人。除非是不入流的圈子，就會容納沒有言行的人物作為自己人。

我想成為別人圈子裏的自己人，深切理解身份與言行必須並重。身份來説，我有點優勢，因為是「四不像」，甚至在某程度上被視為「半個老外」（要注意，跟假洋鬼子不一樣，否則怎麼樣都進不了別人的圈子），是好是壞，還太早下定論。但是我比較關注另外不是老外那一半，因為別人是跟我這一半打交道，希望自己能夠在這一半給人當作自己人。

以酒會友是常規

如果問本地人，怎樣才容易跟別人混熟，給人當作自己人？我相信，十有八、九會説很容易，大家經常一起喝酒不就搞定？一起喝酒很重要，酒後大家説話放鬆很多，半斤過後甚麼話都能説，大家如同兄弟。我説半斤，就是一瓶一斤茅台的一半。一般香港來客，自認能喝的人最多三兩，就開始有醉意。請注意，這裏説一斤，就是一瓶茅台。一斤十兩，並非

十六兩。一晚能喝半斤算是不錯，能喝一斤可以說是海量，如此能喝之人不多。不少被民生銀行收歸旗下，聽說跑生意的外勤，隨時喝一斤，一年指標是三百斤，可謂驚人。能夠跟人暢飲，成為自己人絕對不是問題。但是我自知力弱，不敢走這條路去交朋友，況且喝酒並不等於寫包單。

我倒覺得喝得多與少不是重要因素，能到場大家開心聚首一堂反而重要。說真話，想做自己人，經常聚首一堂免不了。多來參加「以酒會友」就是表達誠意，淺嚐即止不為過。銀行旁邊就有一家酒家，六點以後常滿，都是來聚首一堂的人，也有新來的想「交朋友」。這酒家常滿，酒味濃厚，一晚不知道要消耗多少瓶。嚴格來說，喝酒拉近距離是事實，尤其在北京這個複雜的商圈內。但是喝酒不一定是成為自己人的必要條件，如果只在喝酒場合是自己人，就毫無意義。

成為自己人最淺顯的定義是：同甘共苦。而相互理解、信任與幫助就是內涵的價值觀。

工作體會　爭取做「自己人」至為重要，但先要做到「互利互惠」。

第 15 回　**要做自己人，先表示敬意**

　　講到「酒精文化」，咱們這家銀行遠近馳名，其他銀行不可相比。我一直懷疑這話有多真，首先，無從比較，很有可能是道聽塗説。其次，這不是美化人的話，相反，是醜化人的話。為甚麼呢？因為咱們的業績這幾年飆升最快，別人看不順眼。找不到甚麼理由，就用酒精攻勢來挖苦咱們跑貸款的兄弟（還有姐妹）。所以，我做行長，有時候也給別人挖苦：有你的酒量，才能鎮住下面幫人。講起來，不好聽，有點像武俠小説的山寨王，袒胸露臂，酒壺在手，口若懸河，發號施令。總之，來了一個月，總是聽到人説，咱們的酒精文化橫掃銀行業。如果屬實，也就算了。但是我片面的觀察，似乎不是這樣，起碼班子成員都很克制，一般淺嚐即止。

銀行業的「酒精文化」

　　不過，我倒見過一張發票，金額很大。聽小金解釋，是去年買茅台酒的發票，是買來送禮用的。我把金額換算為數量，有點吃驚，怎麼會？小金有解釋，原來有些省市還是流行喝酒，奉客最實惠。大家高興可以喝掉，説不定還可以把生

在內地工作要了解工作中的酒精文化，但千萬別逞強。

意談妥，他說是一種有效的營銷策略。我想，難怪人家說我
們的厲害在於酒精文化。小金補充一句，不要緊，已經全部
喝掉，今年不會再訂，或許會搞搞新意思。酒精促進血液循
環，同時也促進業務發展，誰能說不對呢？

　　我能喝一點酒，但是對於茅台這一類烈酒，有一定的
保留。但是在不同的場合，我觀察所見，我們的員工不是能
喝，而是願意喝，尤其是敬酒，特別有勁。敬酒這點事，不
要小看，尤其是「先飲為敬」，向對方表示敬意。是不是以客
為尊？見仁見智。但是酒精的確能讓人放鬆，尤其是防守意

志，很明顯可以促進交情，日後談生意就事半功倍。我在班子會上也表態，要改變營銷的方式，比如說喝茶。結果引來一陣笑聲，大家打個哈哈，就說好好好，試試看。

如果只是看表面，我們喝酒的勁度的確很驚人。但是我看得出，喝酒是一種媒介而已。營銷人員借酒打交道，大家交個朋友，然後談生意。他們最厲害的是幫客戶爭取權益，客戶知道我們這邊的條件比別人優惠，而且客戶來一句話，我們的人前赴後繼為客戶想辦法解決資金需求。這種積極性很難得，難怪生意興隆，業績表現理想。我剛到，沒有任何理由說是我自己的功勞，我只是看到一班員工努力搏殺，心裏很欽佩。

董事長稱呼為「自己人」

一個月過去，我覺得是時候去拜候董事長。叫人備車，一聲號令，辦公室馬上準備。聽到電話有人告訴那邊：行長準備開車，很快就到。我想，過去拜候董事長沒甚麼大不了，不該有震撼性反應。但是在車上，小金跟小李一樣雀躍，關照我千萬不要拒絕董事長的茗茶，屬於稀有品種。還有別忘了他會給我的雪茄，古巴品種一級棒。好呀，我都要，可好？車

一到，馬上有兩人列隊迎接。前呼後擁把我帶到董事長辦公室，在門口就有人幫我報到：行長到。

　　見到董事長，果然一坐下就有茗茶奉上。董事長說是大紅袍，福建那邊過來的。然後，雪茄，古巴來的。他接着說：行裏還好吧，大家都在稱讚你，是我們的福氣呀。他又補了一句：有空多過來，自己人呀。第一次聽到有領導稱呼我為自己人，有點飄飄然。他是真話，還是客氣的話呢？來不及細想他的話，連忙回答：業績還不錯，大家很拼搏；班子很合作，也很支持。董事長果然是高人，帶着笑容搖搖手：別跟他們客氣，有話直說。他們沒有經驗，要靠你指導。我擠出幾個字：不敢，不敢。他已經打了火，幫我點雪茄。

工作
體會　　　「空降」而來，能做自己人談何容易，謙虛是第一步。

第 16 回　單打獨鬥不如撈車邊

　　從董事長那邊大樓走出來，心情開朗，忍不住吹起口哨。小金老早開好車門等我上車，門口還有辦公室的人跟我們招手，同樣是笑容滿面。怎麼樣？小金跟小李一起問我。雪茄很不錯，不過只抽了兩口。他們連忙追問：不是這個，他怎麼樣？很好呀，要大夥兒聽我的。接着笑笑，他們也跟着笑笑，那就好。開車，打道回府。

　　其實，在路上，我開始想，到底董事長有些甚麼想法？要大家努力。忍不住跟車前面兩位説到董事長有點想法，肯定是好事，大家要關注。我也有些想法，不過時機尚未成熟，而且當前人力單薄，要等到班子產生合力才行。回到辦公室，洪行長一馬當先，走過來打招呼。原來董事長已經有令：大家要合作，給行長支持。他就把原話傳給我，還説一定會服從上頭的指示。搞得我有點不好意思，原是「悄悄話」卻成為眾所周知的最高指示。既然他已經説白了，我也不用迴避這個議題，大家合作為要，説句謙虛的話，結束了一場重頭戲。

班子與「圈內人」

　　這時候，我開始接受，這個地方不是講究個人表演，技術再好，也不能單打獨鬥。等於上場打籃球，技術好比麥可‧喬丹，但是其他人都站着不動，怎麼樣都贏不了。這地方講的是合作，也就是「集體領導」，所以叫班子。但是班子外邊還有人，他們不是班子成員，但確是「圈內人」。圈內人比班子成員更重要，他們有最新的一手消息，對於路怎麼走、甚麼時候拐彎很清楚。所以有這樣的說法：有料子，不如進班子；進班子，不如是圈子。用簡單的話來解釋，就是這樣：腦子有料，有用途；進了班子，有名堂；身處圈子，有路數。重要性反向排列。問題是：這些圈內人在哪兒？跟自己說，慢慢來，剛來一個月，深山密林有臥虎藏龍，只是雲深不知處而已。

　　我剛來的時候，一直用自己的背景與經驗來考慮事情，那是錯誤的想法。在中國內地，尤其在北京，要考慮的是本地人怎麼想、怎麼解決他們的問題。由於業績表現理想，自然想的是加快增長資產負債表，就能賺更多的錢。很可能上當，用蠻勁做事沒有好結果。我應該把這種思維轉向，在紅海與其他銀行分一杯羹，談何容易？相信要把我們這條船駛進藍海，才

會有更豐厚的回報。我也理解，靠我一個人絕無可能轉型，甚至轉向都有難度。第一步要做的事情，就是把自己的過去早早忘記，現在面對的局面，可以説是困局，懂得如何扭轉乾坤才是真正的領導者。

獲授實權　借力使力

跟董事長會面給我很大的啟示：要找新路，不要在舊路上糾纏不清。他的想法，雖然沒有具體內容，很明顯高人一等。對我客氣，甚至可説是禮遇，就是希望大家合作，集思廣益想出不同的路數。這也給我很大的鼓勵，平時可以「勇猛」一點，對於浪費時間的意見，直截了當拒絕。遇上含糊其詞的説話，馬上撥亂反正。會議時間抓緊，有話直説，不要轉彎抹角。這些管理的技巧我一向都懂，只是初來，不宜大動作。現在不一樣，有董事長讓我「攪車邊」，該上就上，不要退縮。這地方絕不能單打獨鬥，要借力，才有力。

我大致上可以猜到董事長在想甚麼。靠自身的資產負債表去追求增長，很難。我們當時只有 7,000 億資產，靠甚麼來增長？而且資本使用逐漸有壓力，貸款不再是唯一賺錢的門路。該怎麼辦呢？想當初，要我負責這筆資產，驚動不少大老

倌。因為他們也害怕這張資產負債表無限度增長，出了事怎麼辦？對有關部門來說，其他銀行已經夠煩，大一點的銀行都超過 10 萬億，各位同業先進都感覺得到過分擴張會面對壓力。我跟班子成員說白了，各位的專業能力很可能很快會過時，需要填補新的概念。一種類似綜合經營的模式需要盡快審視，那邊才是藍海。

是改變，或是改革？我們要先學會「玩雜技」。只會找項目、放貸款恐怕已經過時。

工作
體會

做事不能光靠自己努力，擠上車固然好，擠不上也要抓累門跟着跑。

第 17 回　沒有消息，不是好消息

在香港，或許在海外都一樣，我們做事有一種不成文的「假定」：沒有消息就是好消息。原文從外國傳過來，是這麼説的："No news is good news"。意思説，沒聽到壞消息，就沒問題。主要想省時間，省卻傳遞訊息的時間。的確也是，有問題再説，沒問題繼續，不必要報告來，報告去。但是這句話，在內地有點不妥，一般人，甚至領導，都會相信：沒有消息不是好消息。

記得我們家裏的長輩，總是要我們保持聯繫。到了，就打電話回來，記得呀。我們臨走，老人家或家長總是給我們這句話，就算我們已經可以照顧自己。這是一種中國人的傳統，三個字可以總結：不放心。我們有種習慣，離開家關門要上鎖，一把不行，再多加一把或兩把。有甚麼貴重物品？也沒有。怕人偷，也不完全是。就是不放心。不放心在我們的血液中佔有一定比例。把這種心態引伸，就可以理解我們很難做到「用人不疑」。對人，對事也一樣，我們總是不放心。

「不放心」的基因

　　講到不放心，想起我早年在滙豐銀行有個「反面教材」可供參考。那時候的總經理有隻金戒指，平時戴在手指上，到了某個「關鍵時刻」，拿下來，在印泥上沾一下，然後按上文件，上面有三個英文字母（先說明，看過的人不多）。哪三個英文字母呢？就是 DNA，代表 Do Not Ask 的開頭字母。就是一種授權，總經理讓某人全權負責，以後不用請示。有點像笑話，把事情丟給別人處理，不准回來問東問西。這故事代表放權的極限，有無限大的放心。經過了很多年後，取而代之的是不放心，上頭每時每刻要我們匯報進度。當然我們可以怪責我們傳統文化，就是不放心，放權後一樣不放心。

　　我剛到民生，免不了有點海外的習慣，相信放權與問責。單位內每個人有自己的權責，各自處理分內之事，有問題才通報。沒通報，就表示事情順利。就是符合所謂的「沒消息就是好消息」這個道理。好像開班子會，就是因為沒事，開來幹甚麼？但是這地方流行的是匯報，任何時間都想讓上頭知道進度。領導也想知道，不要等到最後一刻才知道。記住，只能從下而上來匯報。還有通報給平行的對口，比如說，零售業務通報某個消息給對公業務。

做匯報的藝術

匯報的次數很多，一般包括下屬在匯報之後，向上級爭取同意意見。這種會議在安排座位上非常講究，有資格給意見的坐在會議桌，可以自由發言。其他參會人員按規矩只能坐第二排，跟會議桌有點距離。要發言也要請示批准，或得到最高級別的上級邀請，否則不能隨意發表意見。來匯報的人也有規矩，比如説，某部門總經理來匯報，他不會一直講到底，因為涉及某些技術層面的事情，他會請某人出來解釋，然後再作終結發言，等候諸位領導拍板。

聽匯報是每日必經過程，一天兩次很平常，有時候三、四次，每次起碼一小時。誇張的時候，每天一半時間花在聽匯報。長篇大論很煩，有時候還有圖表分析，證明匯報的人做過工夫。説到這裏，讓我想起，我在滙豐的日子，某些大額貸款，三、五個億那種，要向倫敦總部匯報，但是他們那邊的大老倌不習慣用視頻，而用文字報告，僅限一頁紙，而且每格限字數，所以千萬不要用字母多的字。比如説，同時就是 same time，不要用 simultaneously，因為剩下可用地方所餘無幾。字數少有好處，很快看完，馬上回覆。我經常要求同事把匯報

材料縮短，後來出動公文，勒令要求簡化匯報。每次不超過半小時，到時候就走人。

習慣是逐步養成的，要改必須強制執行既定規矩；否則「破舊立新」只淪為口號。

工作體會　外國說「沒消息是好消息」，這裏卻是「沒有消息不是好消息」，再者就是沒戲。

第 18 回　怕出錯難以改革

　　在北京工作，看人家寫的公文，一級棒。那些關鍵的字眼，拿捏得非常準。我平時也是一個小心用字的人，但無法跟我們辦公室的「文膽」相比。而且他們年紀輕輕，能夠寫出讓人無法挑剔的文字，佩服不已。講話也一樣，不是説一口北京腔，抑揚頓挫，而是勝在文字的取捨。老實説，對我來説，也是學習的好機會。如果問我，是天生的嗎？不是。學校教出來的嗎？有可能。但是最重要的是他們工作環境有嚴格的規定，不容許出錯。文膽厲害，但是文膽之上還有文膽，更厲害，他的工作就是審視文字的正確與恰當。一般機構都有這樣的人，深藏不露，在辦公室內把關。

不用看文件已被簽批

　　我説的辦公室，不是我們常説的 office，是一個部門專門負責文書工作，尤其是對外。比如説，交去銀監會的文件，就無懈可擊，很難找到不恰當的文字，擋駕功夫真有兩手。大事化小，小事化無。我們辦公室有十五、六人，文膽好幾個。還有負責公共關係的人，我不太懂他們的工作，但是我知道他們

要想辦法讓媒體說些好話，我們有些動作，就會有媒體說到天上有，地下無，都是搞公關的人施展的本事。雖然由我分管，但是從來不用操心。

這裏有個不成文的原則，不要去煩班子，有事「弟子服其勞」。所以他們很忙，看他們進進出出，拿了文件跑來跑去，都有說不出的重要性。沒多久，我就發現我沒有太多的文件送到我桌面，有點疑惑。以前的日子總是給桌面上的文件拖後腿，整天埋頭苦幹。現在好像很清閒自在，文件不多。到哪兒去了？百思不解。有天忍不住，問起小金。他眼睛眨眨，很淡定告訴我，他都幫我看過，沒啥重要，都幫我「解決掉」。怎麼解決？不很容易嗎？就在我的姓名上面畫個圈。原來，文件上都有辦公室的人，在收到以後會依次寫上各領導的姓（只有姓），以我來說，只有王一個字，下面就是洪，再下去就是其他班子成員的姓。看過了就在姓上面畫個圈，誰也不知道是誰畫的圈。

原來沒到我這邊，是因為小金幫我看過，然後畫了圈，送交給下一位。至於下一個是不是依樣畫葫蘆，我就不知道。我想，這不行。小金看，就畫圈，出問題，怎麼辦？小金看得出我有擔心。他說：行長，不擔心。一般都是行內的人瞎

扯，不看也罷。同時，送到行裏，有辦公室主任看過，有他把關，蚊子都飛不過。我只好説，有重要文件讓我看看。他説沒問題，帶着笑容走出去。説我們辦事「低效」，絕對講不通。我看，我們這銀行，要改革不難，因為我們基因沒有怕出錯的元素。

還是有「怕出錯」的基因

回頭想，當日我的「看來看去」似乎有點不對題。根本不用「看來看去」，應該叫「不用看」，有能者打點，事情很容易解決，畫個圈就行。可是讓別人為我操心我分內之事，不是我的性格，我喜歡查根問底，事情要看透才安心。來往的公文沒甚麼重要，出不了大錯，我能接受。但是銀行內最重要的是貸款的審批，現在這工夫不在我手上，有位副行長分管，他該是全權，也是全責。可是，我經常聽到監管單位呼籲，銀行對貸款質量要保持高度警戒，不能讓不良貸款雙升，雙升指數額與比例。我們卻是放給一個人全責管理，有點講不過去。

看來，我也有「怕出錯」的基因。該怎麼辦呢？如果把自己弄成為「終審」的人，明顯多餘，時間上也不許可，到最後審批階段，不容有所拖慢。如果讓我代替這位分管行長來做審

批，好像不相信他的判斷。他應該熟悉本地市場的動態，甚麼項目走紅，甚麼項目不能碰，一目了然。要我頂替他的功能，智者不為，那不是騰空一個位置，如何解釋？不妥。這地方沒甚麼秘密。我正在想而已，就已經有人知情。這位分管行長沒多久就過來找我，說是貸款餘額越來越大，他有點吃不消，不如畫條線，超越這條線的貸款申請提交行長審批，不過事前他會先看過，放心。咦，奇怪，這人能「讀心」，快我一步提出我想要做的事？驚嘆不已，只好承認這家銀行藏龍臥虎，了得。

怕出錯做不了大事。只有不怕出錯，才能深入虎穴，來個翻天覆地。當然，要輸得起才行。

工作體會　改革指系統要改，改變是個人要改，一個人怕出錯就很難改。

73

第 19 回　説我關係搞得不錯，有辦法

來到北京當行長，一直戰戰兢兢，一方面害怕自己表現不好，有負眾望。另一方面擔心自己不能勝任，影響別人對香港的看法。因為我從香港而來，總有人會覺得我是行內「表表者」，我絕對不能讓自己影響香港的聲譽。所以，我平時很關注自己的表現，提升業績、加強溝通、鋪墊培訓、鼓舞士氣、力求合規等事項，都落在我緊密督促範圍之內。雖然有時候，由於本地經驗不足，有「甩轆」情況，幸好補救及時，沒有讓人覺得不妥。有句香港俗語很合適我面對的情況：大步檻過。

做事要有「辦法」

董事長甚至在某個公開場合，説我「關係搞得不錯，有辦法」。當時，我出差，不在場，別人轉告我知道。他這句話比其他各樣誇獎都更重要，在內地工作，大家都知道搞好關係最重要，可是要搞好關係，必須有辦法。這些日子在北京，開始理解辦法跟方法有很大的區別。在海外的日子，我們講究做事的方法，比如說，有十步要走，走完第一步，走第二步，然後

能先「搞好關係」，在內地營商或工作時會比較佔優。所以在建立業務前必須拜訪一下領導。

第三步，按部就班走下去，這是做事的方法。但是做事有辦法，就有點不一樣。比如說，還是十個步驟，第一步走完，理應走第二步。但是有機會跳到第四步，跳了再說。下一次，如果還有第九步出現，趕緊跳，結果就比別人快好幾步到終點。記住，在這地方，勝者為王，有辦法最重要。

要小心，有辦法不一定是不合法，要點在於在合法、合規的情況下，先馳得點在這地方有其必要性。「先馳得點」是台灣棒球術語，比賽最要緊跑回本壘，先得分就有機會贏比

賽。説別人厲害，可以説這人有辦法。在民生銀行就有許多有辦法的人，甚至是年輕人也一樣，很有辦法。記得一個 30 歲不到的年輕人，有天跑到我辦公室，自己介紹一番。我心裏有個問題，怎麼衝過接待處的防線？進得來就是有辦法。好，我聽你的。有甚麼話要告訴我？他只説一句話：有事，我總有辦法，笑笑就走了，當然他留下名字與手機號。我當時也不在意，這傢伙怎麼進得來，但是我對他留下的話有印象。他説他總有辦法。

遇上強人脈的「神奇小子」

正巧，過了兩天，北京滙豐銀行的丁行長打電話過來，聲音有點急。説是他的董事長想見一位姓成的前國家領導人，無法安排成功，希望我幫忙。我第一時間閃過前天來過我辦公室那位年輕人，他不是説事情他總有辦法嗎？好，就考考他。叫他過來，説明甚麼事，盡快去辦。他不急不忙走出辦公室，説半小時回覆我。沒多久，他給我電話，很平淡的語氣。搞定，明天下午三點釣魚台七號房，自己帶記者。我不太相信，連忙問清楚，是某某人，不要搞錯，以前是副委員長呀。再把名字説一次，生怕擺烏龍那就麻煩了。

他給我看看他的手機，微信中對方姓名、地點、時間寫得清清楚楚。他怕我不放心，說當晚跟我再約另外一個人見面，擔保不會弄錯。真的？我還是半信半疑。連忙回覆丁行長，他也是一樣半信半疑，但是不能不接受這種難以想像的結果。到了晚上，這年輕人又給我電話，叫我在家樓下等等，他有司機來接。正如看偵探小說，一開始，就不能不接下去看。好，果然有車在等。對方連忙把我開到西四環一條小馬路，年輕人在門口站着，快進來。是家咖啡室，沒人。他說：行長放心，我全包場，不會有人打擾。你們慢慢聊，一看有位女士坐着，面前有杯咖啡。他輕輕說，是他的女兒，想跟我見個面。喔，原來如此。就是想我放心，沒約錯人。對方很有意思，絕口不提跟他父親約見面的事，但是言談中讓我知道是名門之後，大家交個朋友更重要。

丁行長過兩天來電話，說是一切順利，他的董事長很高興，還誇他有面子，連高層人士都能順利安排。那就好，在北京工作，經常為安排這種突發性會議傷腦筋，尤其在外資銀行，不及本地銀行認識人多，但是香港、倫敦老大總以為滙豐名氣響噹噹，對方隨傳隨到。到了民生銀行才知道自己以前有多土。這年輕人此役之後，被我「封」為神奇小子，要找人見面，找他問問準沒錯。他的故事還有許多，有機會再說。

我逐步接受，這地方關係最重要，不管你是扯關係，拉關係，搞關係，都不要緊，最重要是你認得人，而別人也認得你。出了甚麼事，能夠捧出一個人把事辦妥，就是本事。其他的本事相對來說，就不算甚麼。

我其他本事都有，就是沒有最重要的本事。要安坐釣魚船，從速建立關係至為重要。

工作
體會　有本事的人，必然有人脈，反之亦然。自問缺少人脈，怎能本事？

第三章

最要紧自身有本事

第 20 回 神奇小子看似無章法，卻有門路

前文提到「神奇小子」，有必要補充材料，以示敬佩。這位年輕人不到 30 歲，姓吳。一臉佛像，眼睛細長，鼻長而挺，耳珠有肉，嘴帶微笑。跟他說話，總是點頭，最後來一句：沒問題，交給我。他說他隸屬信用卡部，但掛單零售部，專跑業務。問他誰是老闆？他笑着回答：沒關係，跟誰一樣。說他有來頭，但是沒人說得出他的背景。聽口音，像是瀋陽人。他在青島讀本科，專修海洋。讀書時，認識德國領事，建立良好關係之後，就已經帶領當地中學畢業生到德國讀大學，收點介紹費，幫補自己生活。一年 400 人，每人 5,000元，扣除費用，實收百把萬。是真是假？我沒去研究。這樣的年輕人很多，只能當他瞎說沒放心上。

考驗「神奇小子」實力

經過滙豐銀行邀請委員長一役，我對他開始好奇，也有點不服氣，總想找機會「為難」他，看他還行不行？正巧銀行要發張聯名卡，想找名人代言。總經理過來問我，有好介紹嗎？最好在內地及港、台地區都吃得開。我說：我想想。接着

就找神奇小子過來，心想這回可要把他給難住。我告訴他這事有點嗆，要內地及港、台地區都受歡迎。沒想到，他馬上回我：不如找成龍大哥。他肯定合適。還把成龍叫大哥，莫非認識他？問他，他搖搖頭說：行長發話，總要試試。我看他或許是吹吹牛，沒把他的話給放心上。

過了兩天，小金進來告訴我，下面大堂很熱鬧，全是人，咱們自己人也趕下去，聽說有明星到咱們銀行。行長，咱們也去，好不？說時遲那時快，神奇小子跑過來，叫我行長，成龍來了，要跟您問好，在樓下。甚麼？成龍來了？好呀，來，咱們一起，把小金也拉了下去。哇，大堂已經擠不進，全是人。讓開讓開，咱們行長到了。神奇小子把我拖到成龍面前，他就盤膝而坐，很輕鬆。看到我，馬上跳起來，給我一個擁抱，行長來了，真是大面子呀。兩人一坐下，旁人就湧上來，我說大家先拍照再說。拍照起碼搞了十分鐘。皆大歡喜之後，他又盤膝而坐，就像回到家一樣。他很爽快，對信用卡的事只說一句話：行長說了算，一切都沒問題。跟我好像兩兄弟，好久不見那種感覺。

一時間我沒甚麼合適的話題，我做銀行，他拍電影，完全沒有共通語言。他說他在拍電影，跟導演請假來見香港來的

神奇小子為我找到成龍大哥幫忙推銷新信用卡業務，令我喜出望外。

行長，打個哈哈，那麼先走了。我送他出門口，他搭着我肩膀，我倆差不多高，我胖一點就是了。他上車前，説了一句我聽不懂的話：咱們美國見，到時候我們再聊。

甚麼美國見？送走成龍之後，趕緊問神奇小子：你把我給「賣掉了」，是不？他笑笑，他説他會幫我訂飛機票，年初一在拉斯維加斯。我搖搖頭，搞不懂這傢伙在搞甚麼？他説報告明天送過來，有詳細説明。我想，我算快手快腳，這人比我還厲害。這麼爽快，碰上是異數。我有好幾個問題，最想不通的是：怎麼能找到成龍？當然，幹嘛要去美國？又是另外一個讓我費解的問題。

有門路也要有章法

　　小金有點吃不消神奇小子的「花招」，跟我說：別聽這傢伙瞎扯。要走流程，不能說走就走，那是真心話。好在我不是用本地護照，方便很多。但是還不知道為甚麼要去？神奇小子的報告來了，是他的總經理拿過來的，要正式匯報。咱們打算跟成龍簽署代言協議，推銷新出的信用卡。預算能發多少張，預期收入是多少？寫得清清楚楚。最後一段提到在美國拉斯維加斯的頒獎典禮，民生銀行派代表接受獎狀，以誌我行熱心公益。其他的都看懂，就是最後一段看不懂。

　　原來是我們贊助成龍在美國的一項扶貧工作，我們捐錢做好事。我一想，這項目非同小可，錢不多，但是涉及的單位不少，走程序隨時碰上關卡，走不通居多。要行長出馬，有表揚個人意味，屬不智舉動。沒有正當理由，我說不同意。請成龍代言，不貴則不妨。我把項目的外國部分砍掉，留下本土活動，不會出大問題。我連忙找他秘書說明我們的難處，她說理解，這事就走到這一步。我也把神奇小子叫來，我說你本事，但是只能走到這一步，大家認識就好，幫我們代言肯定有好處。下一步，下一次吧。

在內地，的確是要走得快才行。有門路固然重要，但是
也要有章法，要看得通。

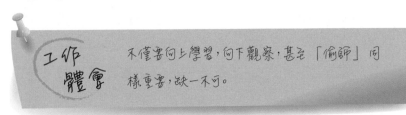

工作
體會　　　不僅要向上學習，向下觀察，甚至「偷師」同
　　　　　樣重要，缺一不可。

第 21 回 在北京建人脈關係，要夠底氣

　　成龍大哥來到民生銀行，的確惹人注目。先說明，我事前不認識他，他倒好像認識我，一見如故。說明他這人跑慣江湖，看人很準，可以交朋友的，絕不放過。否則，打個哈哈就算。記得他說我倆美國再見，值得深入探討，是真是假？沒想到，過了幾天，她秘書找我，說大哥約我，年初二洛杉磯見面。他年初一在拉斯維加斯有活動，走不開。初二過來洛杉磯跟我喝兩杯，說大哥覺得跟我有緣。這麼一來，這球打到我這邊，該怎麼打回去呢？

赴美會見大明星

　　有幾個問題馬上冒出來：第一，身不由己。要走流程，肯定有難度。第二，我可不是明星，這裏飛，那裏飛，北京去洛杉磯可不是短程。只吃一頓飯、喝兩杯，有點划不來。全是負面的想法，唯一正面的想法就是走一趟，去交這個新朋友。不過沒擔保，以後怎樣發展說不準。說實話，多少有點虛榮，交這樣的朋友，可遇不可求。他秘書還說，大哥要我一定

去，到他家作客。很少有人有這樣的「規格」，好難得。我想，莫非是遲來的緣分，就見一次，產生這麼大的化學作用？

我想，也好。橫豎我過年沒事幹，北京是黃金週，沒人上班。我就當休假，自費去趟美國，順便探望我前幾年在這裏工作時的老同事，他們沒放假，肯定在辦公室找得到。趕緊用自己的積分換了一張機票，過年的票緊張。跟洪行長打個招呼，出去休息一下，初二飛，初五回。怎麼了，就三天，太短了，多休息幾天，北京的人都跑光了。我是不喜歡休假的人，笑笑就算，也沒多說兩句。

到了洛杉磯，不擔心，這地方我熟悉。租了車，先蹓躂一下，闊別了三年，還是老樣子。我相信十年後再來，還是那個樣，永遠不變的城市。到了晚上，跑到餐館，原來是墨西哥餐。以為就兩、三個人，沒想到好幾張桌子早已併好，看來人不少。

大哥到了，又是一個熱情擁抱，好像多年未見。他就說，你會來，果然有行長風範。來來來，我來介紹，他跑到吧台，跳上去（對他來說，不是問題）張開喉嚨就說：女士們，先生們，我介紹我的大哥給你們認識。他來自香港，可是在北

京做銀行行長，香港第一人。下面一陣掌聲。大家要知道，美國這地方喜歡英雄，是第一人就很厲害，其他不管。

獲引介生意客戶

人越來越多，吃飯像酒會。而且不是我們的客人也跑過來，要跟成龍拍照，來者不拒。明星就是明星，而且不覺得煩，一臉笑容。有時候耍兩招功夫，逗人開心。接近十點，終於開飯了，他沒點。就從東跑到西，西跑到東，問人家甚麼不吃，他就吃人家不吃的東西。我也有這種習慣，不過沒有他這麼大動作，誰也不放過。近看他，有點像隔壁的大孩子，頑皮、可愛。有人送了一瓶酒過來，我可沒見過。一瓶紅酒是750毫升，兩瓶裝叫 Magnum，四瓶裝叫 Double Magnum。這一瓶是 Double 的 Double，豎起來到人胸口。

他自己開瓶，然後準備倒酒。他忽然來勁，叫人猜這瓶酒甚麼價錢，猜得最接近的人，他送一瓶 Double。當場熱鬧起來，他就有本事把現場氣氛搞起來。他叫送酒的人寫在紙上，買的時候大概甚麼價錢，是 1982 年的拉菲。我估計，想買也買不到，而且不知道這人收藏了多少年。他站在桌上，誰先猜？大家輪流，相差太遠的，他就來一句 No way，下一

個。我猜的不遠，但還是有距離。答案是 7 萬美元，最接近的是 6 萬 5,000。他叫秘書寫下這人的手機號，說過送他一支。他這人講義氣，表面糊塗，心裏一點不糊塗。幫我介紹了兩個朋友，在北京有生意，他壓低喉嚨說：很多存款的。怕我嫌少，回北京還有，最怕你嫌多。電影圈的人不少，他那種爽快的人很少遇上。而且，人求他多，他求人少，整天笑咪咪。沒幾天，我回北京。有一天，他秘書來電，說成龍約見面，有大客戶介紹。好呀，怎麼可以推卻。

做銀行，靠關係。跑關係不容易，你看中人家，人家卻嫌你不到班。要門當戶對，難。

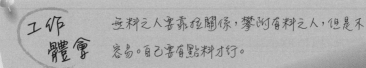

工作體會　無料之人要靠拉關係，攀附有料之人，但是不容易。自己要有點料才行。

第 22 回 拉存款容易，拉關係難

做行長，經常收到「不明人士」的電話打到辦公室。放心，不是來騙錢；相反，是想來存款。但是先來打個價。比如說，我有 50 萬想放你銀行，給我多少利息？我當然很客氣，先說謝謝，請打直線電話多少號，再找某某人，一定給你好價。為甚麼要找行長？因為相信行長才能為 50 萬給出最優惠的利率。為甚麼電話打得進來我辦公室？必然有誇張的理由，有急事、有要事、要告狀、是行長多年好朋友等。騙過接線生不難，電話就撥進來。我一般都會接，想聽聽別人對咱們的意見。

絕不放過拉關係機會

放存款的人，打來是詢價。不要太武斷，或許「撈」到大魚，是不？有的，不僅要高的利息，還要歐遊贊助費，當然這種情況就不是 50 萬了，很可能是以億為單位。先不要問錢從哪兒來，對方一定說是四大行之一，知道也沒意思。先問這錢放多久？一般不會久，最多一個月。到期就走，因為還要試試另外一家銀行，賺利息之外，再弄點好處。每個月一次，不怕

煩的。所以，存款有價，隨時可以拉進來。在月末、季末，或年末，這種「搶存」現象很普遍，為了滿足最後那一天的報表要好看，大家拼命出招，搶到手就好，第二天取走不要緊。

我所以說，拉存款容易，一家銀行一兩天內隨時可以增加 400 至 500 億存款。流失也一樣，千萬別大驚小怪。拉關係就難，因為關係建立，存款就長期放着，不會搬走。要爭取的是關係，不是過夜的存款。但是關係很難找到，喝酒有幫助。其他種類的「幫幫忙」多的是，要看我們願不願意幫這個忙。幫這種忙，可大可小，有時候真的吃虧不起。很多時候，這個社會就是靠微妙的「幫幫忙」來做潤滑油，有甚麼後果，別想太多。這就解釋有些人出問題，就是分不清甚麼忙不能幫。我所以說拉關係很難，有機會搭上關係，絕不放過。

我們北京有個支行行長，只有四個超大存戶，每個都過億。只要存款在，其他大小事情跟他無關。天天上門跟存戶請安、問好，無微不至。再帶點合時的水果，博取歡心。有天他約見我，說要介紹一位大客戶給我認識。要認識大客戶，我是來者不拒。結果在長安大街一家高級會所見面，原來是鼎鼎大名的陳女士，在金寶街上的物業很多在她名下，也是收藏紫檀木的專家，財富之豐厚在城中數一數二，為人慷慨、爽直、有

正義感，是虔誠的佛教徒。一見到我就說：正想跟我見面，成龍跟她說過，我是香港人，難得來北京做行長，要多支持。接着說：過兩天來參觀紫檀木，就放在東四環那個博物館。給你一些自己養的、種的好東西。坐在人家面前，我對紫檀木、佛法、北京房地產認識很有限，聽多過講。

無求才能無憂無慮

　　果然過了幾天，有電話來，約我去看紫檀木。一到博物館，她就在門口，明顯是盛意拳拳，想我欣賞她的收藏。博物館樓高十層，分前後兩棟。前是博物館，後是住宅。先看收藏，足足走了兩小時，收藏真豐富，無與倫比。她說：累了，咱們上她住那邊休息一下，吃點點心。一路上去，四處佛像，檀香味裊裊傳來，讓人覺得進入了另外一個世界。帶我進入一間密室，還告訴我之前只有兩個人來過，說我有佛緣才讓我進來，是耶？非耶？叫我盤膝而坐，閉目養神。背景有輕微的響聲、有木魚敲擊聲，也有人跟着唸經的聲音，一時間腦子忽然空白，自己像是在飛。飛過高山，飛過海洋，之後再也沒有感覺。

　　醒過來，已經是一個小時後的事情。四顧左右，一個人

還在密室。趕緊起來，推門而出。有位男士，居士打扮，跟我笑笑，在等我。我認得他，頗有名望之人。雙手合十，跟我說，陳女士已經出去了，她看見我在休息，就不打擾逕自離開了。她有留話，說大家有佛緣，才能相見，善哉善哉。已安排妥當一份見面禮，會送去銀行，一份心意而已。其他還有自己一些蔬果已經放在車上，小意思而已。再約下次見面，含笑把我送出門口。上了車，叫小李速回辦公室，車後面的東西你拿回家，應該是好東西。小李問我覺得怎樣？上去一個下午！不敢多說，怕有天機。回到辦公室，一看原來是一個紫檀木雕塑，九龍爭珠。如真牛大小，放置在玻璃箱內，手藝非常精緻，引來同層樓同事的驚嘆與艷羨。過了幾天，過來參觀的同事異口同聲說是「國寶」，真是難得一見。即是國寶，怎能據為己有？過了兩個星期，安排送回。寫了封信給陳女士，其中一句話是：曾經擁有，是我的福分。

人在陌生環境工作，多交個朋友對自己一定有好處。

　　跟陳女士一直保持良好關係，她大概看出我是無求之人。說實話，無求才能無憂無慮。

工作體會　香港做銀行靠網點方便、服務良好爭取客戶支持。這裏講究關係才能做大做強。

第 23 回 每句話都可能有雙重意義

　　在內地工作，先學會把人家的話弄清楚，每句話都有可能有兩面的意思。最常見的話是「考慮考慮」，可以是真的考慮考慮；也可以是聽到你說的話了，再來「研究研究」，也不一定是研究中，或許是一種「拖延戰術」。如果說「放心，我支持你」，就更玄，或許已經沒戲。我一向審慎，甚至有點過分審慎，對人家講的話，總要過濾，甚至分析。大家或許會說我神經兮兮，但是單人匹馬來到人家腹地，小心駛得萬年船是應該的。

學會雙面話語

　　我絕非背後說人壞話，只是居心叵測的人不少。記得嗎？我剛到北京上任就有人「提醒」我這樣做，那樣做。其實他葫蘆裏賣甚麼藥，一直不知道。聽他的，隨時行差踏錯，不值得。有人說，新行長很本事，我一聽馬上開動過濾系統，看看是甚麼意思。連董事長說我人際關係不錯，我也不敢全部收貨，起碼打八折。逐步養成良好習慣，每句話都細心解讀，連自己也學會不少雙面的話語。就好像老外有個字很有

用，凡事都用得上，叫 interesting。比如說，你說這話可真 interesting，中文不能直接翻譯為有趣。你說這話真有趣就不是很傳神。實際是可褒可貶。在北京，最常用的雙面語是「有意思」，你這話真有意思。是好是壞，沒說出來，喜歡怎樣解讀，隨你。

再來一個正反通用的用字，你們要「抓緊時間」。意思說，要快一點。可以是說人家慢，所以要抓緊時間。也可以是鼓勵別人克服挑戰，要抓緊時間，是正面的意思。還有許多的例子，說明咱們固有文化的深奧。在香港時間長了，就不懂文字的奧妙，藏有正反兩面的意思。這些日子，在行內開會免不了。我經常主持會議，要誇怎麼誇，誇時又像貶。要貶怎麼貶，貶中有誇。說容易，做起來難。好像打拳，虛中有實，實中有虛，虛實有道，也是無道。讓大家見識一下「西方管理理念」，對人說「你懂的」（you know），其實就是說你不懂（you don't know）。

摸索領導意思

我很欣賞董事長講話的藝術（不止是技術），我平時不用筆記，但是董事長講話，尤其是發表重要講話，我會用筆記本

把關鍵詞記下，回去琢磨，到底真正含義是甚麼？一方面是為了學習，另一方面是嘗試摸索他的思路。因為他講完一定會讓我講幾句，這幾句很重要，我一定要知道他的方向，不能他說向東，我說出來變成向西，那怎麼行，犯錯誤。但是我也很清楚，我們兩人相互配合很重要，但是也會碰上「意見不合」的時候，如果我是樣樣跟在後面，隨他的話迎風擺柳，我的表現就不是很專業化。我不想這樣。

我舉個例子，他對做生意的看法是大小通吃，咱們行內術語叫「抓大不放小」。這句話讓我很難跟得上，他的意思真的是甚麼生意都做？還是說說而已，因為外邊銀行界盛行「抓大放小」，小的生意費勁划不來，大家都不願意做。但是我們的目標卻是大小都不放過，我是很不願意吹捧這種做法。我只好說，抓大不放小這種說法「擲地有聲」，不放過任何賺錢的機會。不過銀行業已經開始注意「私人銀行」的前景（當時還沒有），就是要抓得更大才行，我們的注意力要逐步向上提升，洞燭先機，才能第一個「吃螃蟹」，俗語所謂的「贏在起跑線」。

既然提到私人銀行，我就有機會鋪開來講講美國的私人銀行，也可覆蓋瑞士的私人銀行，兩者的區別，雖然道理一

樣，要做有錢人的生意，才「食水深」賺得多。我在加拿大、美國做過好多年的私人銀行，有點心得，有機會再跟各位同事詳細解釋，就是好戲在後頭，慢慢來。好在這些粗淺的介紹打動人心，連董事長都認為可為，只是把抓大不放小的上限提高而已，我說的話沒有違背他原先的講話。他很客氣，跟大家說：這玩意兒要聽行長，他熟悉，是專家。也別太複雜，叫甚麼私人銀行，就叫「富人銀行」不就搞定。

他接着說，先買兩架商務飛機，這裏去，那裏去，富人客戶肯定喜歡。一定有得搞。

工作
體會

這裏說話要留有餘地，不能「說死」。一句話有雙重意思很平常。

第 24 回　富人銀行要比私人銀行更合國情

　　董事長已經發話，等於下令要大夥開始設立私人銀行。可是我花了一點唇舌說服他，「暫時」不用富人銀行這名字。首先，可能要到監管單位申請，私人銀行這名字一直都有，可以立馬用得上。其次，富人銀行有歧視意味，難道不是富人就排除在外？在中國還沒有到這個階段，可以把人用富有來分。富人銀行政治上不正確。再者，是不是富人銀行的客戶要咱們行裏富有的同事來服務？否則怎麼吃得消富人那種德性？

發展私人業務三大問題

　　算是據理力爭，終於說服各位領導採用私人銀行，起碼暫時如此。說容易，做起來難。三個馬上出現的問題：誰？賣甚麼產品？給誰？第一個誰在民生銀行絕對不是問題，市場不缺人，是不是合適的人是另外一回事。果然，不到一個星期就找到一大幫人，大概我們在行內的名氣甚高，待遇吸引人，第一批就有 50 多人。為了隆重其事，特意請我作為行長歡迎與

訓話。一看，嚇了一跳，全是年輕人，不少是這一屆的大學畢業生。要他們來做私人銀行，怎麼可能？只好講些鼓勵的話，振奮人心。其實，我知道，這是莫大的錯配。

趕緊去把人事部老總找來，力陳其弊。對方攤開手，作個狀表示沒辦法，市場就只有這些人，而且各位領導吩咐「急事急辦」。加一句：一樣的嘛，加快培訓就可以。心想，這幫人真會開玩笑。這樣辦事，不如用機器人，手起刀落，來一個是一個。我不是提醒過嗎？瑞士的私人銀行是老資格，他們的客戶經理都上年紀，起碼四、五十，否則客戶怎麼放心把錢給客戶經理打理。現在來一班剛畢業的新紮師兄，怎麼搞？他還很硬朗，告訴我說：我們出不起價，四、五十歲的人是三倍以上的待遇，行長，相信我，一樣不錯的，我們把關不用擔心。

很久沒講粗話，就在嘴邊差一點點說出來。再想想，做人要厚道，人家不懂，只能多一點溝通，增加認知。好吧，看看第二個問題。賣甚麼產品？叫了產品開發部總經理過來問清楚，到底有甚麼想法。不用擔心，對方很淡定告訴我，我們手上有不少現成的理財產品，把回報好的在私人銀行賣，不就得了嗎？理財產品的確有不少，問題是客戶為何要開個私人銀行戶口，來買一般櫃台都能買到的產品呢？對方的回答，繼續讓

我無語，他說，私人銀行服務肯定好一點，對不？

　　第三個問題也是重要問題。誰是客戶？點在死穴上，沒人有答案。看來，又要開會研究研究。果然，大家對私人銀行的認識有限，有人說，根據國際慣例：100萬美元資產。有人反駁：資產怎麼算？北京城裏不知道有多少人資產多過這個數。那就算存款吧。不行不行，馬上有人跳出來，把大戶搬到私人銀行那邊，誰肯？行不通。從新開始，私人銀行自己去挖掘客戶。不行不行，又有人反對。我們小銀行，哪裏去挖大客戶？開玩笑。不行，不行，還是放一放再說。這種事情不值得搶先，這是眾人統一的想法。

分行偷步設立私人銀行

　　其他銀行已經開始推出私人銀行，一下子變為城中熱話。很有意思，每家私人銀行都有一個好聽的名字，有一家叫沃德，甚麼意思不懂。這種命名有傳染性，你有，我就要有，合不合適，管他。我也偷偷去看過，橫豎我們附近有好幾家。說真的，無法分辨，私人銀行有甚麼不同？有分開的櫃台而已，也沒有明確的門檻。在這時候，我們廈門分行平地一聲雷，說是幾天之後就要推出福建省第一家私人銀行。分行樓上

有地方，已經改造成功，説是非常搶眼，還有「圖書館」，可供靜修。行長很雀躍，叫小李快快幫我訂機票，要我主持開業典禮，當地的市委書記會來捧場。

不是説，暫時放一放？怎麼有分行偷步？而且是私人銀行嗎？莫非無師自通？

工作
體會

銀行找客戶喜歡「抓大放小」，省事而效果較好。其實不然，拉關係絕非易事。

第 25 回　闊別廈門多年，風采遠勝舊日

　　廈門分行先聲奪人，開出第一家私人銀行，的確令人振奮。雖然不符合總行的指引，但是其志可嘉。這也説明咱們銀行各分行自負盈虧非常到位，你願意搞搞新意思，只要不違規，而且自己扛盈虧，沒人攔你。我也想去看看，到底是甚麼樣？東施效顰無所謂，千萬不要踩紅線，給監管單位批評就不好。説到監管單位，我對廈門頗有好感，因為以前在滙豐銀行的時候，一到廈門就喜歡跟監管單位的領導（一般很年輕）討論他們總部出的紅頭文件，試用外資銀行的角度來解讀其中暗藏的玄機，像是學術討論，雙方都有所得益。所以，我在他們那邊算是薄有名氣，頗受歡迎。

參觀廈門私人銀行

　　當然，民生銀行在廈門遠遠大過滙豐銀行。記得當年滙豐就在廈門的「外灘」碼頭，破舊十分。從任何角度來看都不及格，我當時做總裁看在眼裏，很不舒暢。但是利潤薄弱，哪敢有任何動作？連香港外派人員也不過十多名，大家做些出口單，掙點手續費僅夠糊口。那個洗手間遠近馳名，不懂「閉氣

功」就有難度。我們當地員工的生活也頗安逸，並無他求。或許「安逸」就是廈門的民風，沒有野心，更重要，沒有二心。人無二心，上面領導就可放心。

來到民生銀行分行，感覺完全不一樣。這是舊行搬新行，面積大很多，門面寬大宏偉，燈光明亮，櫃台服務員一臉笑容，信心滿滿的樣子。行長到，大家都立正敬禮。這就是我們常用的形容詞，説人家精神面貌飽滿。分行行長馬上帶我去看新成立的私人銀行，果然有氣派。沒有櫃台，只有矮的茶几，旁邊配上大的皮沙發；旁邊還有食物櫃台，上面有點零食，屬於自助。有好幾個員工，穿了制服忙着整理，迎接開業。

這位分行行長一臉興奮之情，深明「先馳得點」的道理。我還是三條老問題：誰？賣甚麼？給誰？這人有兩道板斧，早就打聽過我會問的問題，已經準備好他的答案：甚麼都不賣，現在只是開戶口，等到總行一聲令下，馬上開工做生意。我忍不住笑起來，好傢伙，有前途，懂得偷步。他笑着帶我到他説的「圖書館」，哇，屬害，設計有點像樣的，就是規模不算大，有好幾百本書。他還來一招拍馬屁，説行長知識淵博，多指導，該添置甚麼其他書籍。我第一個問題，書從哪裏

來？都是一套套的，連《資治通鑑》都有，《紅樓夢》、《水滸傳》等不在話下，整整齊齊放在書架上。我問他：會有客戶看嗎？有，他很有信心回答。還補一句，行長知道得很清楚，我們這邊文化水平高。對面鼓浪嶼就是中國的「鋼琴之家」，人均全國第一，很多人喜歡看書的。我只好點點頭，不再問下去。看到圖書館的傢俱更為驚嘆，全是紅木，的確有點派頭。他知道我想問甚麼，連忙說是泉州那邊來的，客戶半買半送的。

內地人的思維先進

原來廈門分行是慶祝喬遷之喜，順便開私人銀行，果然搞得有聲有色，自然邀請行長過來。還有兩位分管行長也來了。家有喜事，大家自然很高興。等到開業典禮，就知道外資銀行的「寒酸」，說這話有點不好意思，不過是事實。分行門口一早都是人準備看熱鬧，因為他們聽說市領導會來，還會講話。更重要的是門口已經掛了一大串鞭炮，起碼 20 分鐘。大家胸花戴好，列隊歡迎領導駕臨。記者朋友一大羣，拿好照相機搶鏡頭。

行長很醒目，早已準備好講稿，大概五分鐘長度。他說

市領導（希望是市長）先講，三分鐘左右。輪到我講，五分鐘。祝酒，一分鐘。點睛舞獅，大約十分鐘。放鞭炮十五分鐘。參觀分行，十分鐘。這行長排好時間，分秒不差，井井有條，是個辦事的人。我覺得內地的人，想要向上爬，非常努力。思維方式很先進，比別人快一步，不由我不說一句：要得。以前，我們從香港來，總說人家落後，沒幾年光景，好像我們落後人家很多，但是很可悲，我們不覺得。

慶典順利完成，市長送了塊木雕，寫着「鵬程萬里」。的確，對分行，對我同樣重要。

工作
體會　在其他省市發展業務，地方政府的支持免不了，關係好事情好辦。

第 26 回　廈門的確好地方，生意卻難做

　　上次到廈門是五、六年前的事。內地城市近年發展迅速，離開兩、三年，回去一看兩個樣。廈門也一樣，這次去看到高樓大廈四處都有，設計很新穎。記得我在 1994 年第一次來到廈門，滙豐銀行就在碼頭附近，鼓浪嶼就在對面，算是暢旺的地區，但是不離陳舊的感覺。整個地方看上去有點像當年的澳門，商業區主要賣土產，人流不多；住宅區就像當年的南灣，風涼水冷。不管到哪裏，有兩個特點：人不多；很休閒。銀行怎麼做生意？當年是我最大的擔憂，因為除了到鼓浪嶼的碼頭有點人氣，其他地方很冷清。但是廈門有歷史留下的紅利，起碼多年前是五口通商的港口之一，外國人一講廈門，就覺得是兵家必爭之地。外資銀行不來開業怎麼可能？滙豐銀行的老外對廈門情有獨鍾，聽說當年的「大班」就住在鼓浪嶼（舊址還在！），每天搭擺渡船上下班，這種「情調」對外國人來說無可抗拒。

廈門情懷仍不減

　　我當年接任滙豐總裁之後，對廈門的業務有保留，只能老實告訴總部，廈門這地方要賺錢需要更多的耐心，暗示不要讓「情懷」壓倒現實。但是我不能否定廈門的確有味道，比如說，到了鼓浪嶼，一路走上山，從山上看下來，紅色的屋頂，襯托路旁樹上的綠葉，一股歐陸的味道從清新的空氣中傳過來。一定會問自己：這是中國的地方嗎？不像呀。記得以前滙豐銀行的老外過年過節就會安排一些「打賞」給餐廳的夥計，英語叫 cumshaw，字典沒這個字，原來是從廈門傳過來的用語。始於五口通商碼頭開放之際，黃包車伕接待上岸的水手，收過車費之後說「感謝，感謝」，發音不準就變成cumshaw，原來是有感激的意味。這種軼事往往歷久常新，我能理解外國人對廈門特別有感情，經常收到他們的請求來廈門懷舊。

　　我很榮幸能夠幫民生銀行在廈門開幕，包括新設立的私人銀行。開幕式之後，有不少本地記者蜂擁而至，希望我介紹私人銀行的業務與前景，對我過去兩次在美加開發私人銀行的經驗很感興趣。我不想給他們錯覺，有私人銀行就代表賺大錢的門路，其實是一種服務，在內地剛剛開始而已，起碼五到十

年才有機會出現規模。我趁此機會給媒體「上課」，不少銀行的服務說是私人銀行，其實只是賣高價理財產品，不算是傳統的私人銀行。幫客戶投資，在那個時候絕對不可行。我補充一句：為客戶提供更高質量的服務，也是我們的戰略目標：以人為本，以客為尊。

民生特色：會花錢

說到銀行服務，各銀行之間的競爭很激烈，不少出動「非銀行」服務，來爭取高端客戶。正如我們董事長所說，先買兩架商務機，讓高端客戶這裏飛，那裏飛，肯定可以搶生意。就算不用商務飛機，也可以用機場貴賓室，不用普通人的通道，只要願意做存款大戶，就有優待，進出機場快捷舒適，很現實，也很實惠。像廈門分行還有圖書館，有空過來看看書，喝杯功夫茶，跟客戶經理聊聊天，加強溝通。不管怎樣，已經看得出內地的私人銀行已經具備雛形，只是帶有「中國特色」而已。

講到「中國特色」，民生銀行有自己獨有的「民生特色」，只要不踩紅線就走過去。花錢不要緊，所以我們有句話：懂得花錢，才會賺錢。會花錢不是罪過，相反，不會賺錢才是罪

過。廈門之行，尚未結束。第二天有個高爾夫邀請賽，把重要
客戶請來，跟行裏的高管一見高下。其實，就是拉關係。拉關
係要捨得花錢，這種手段咱們比其他銀行做得更到位，所以
業績表現上得快，也是合情合理。也有人不打球，行長很週
到，安排一幫人上鼓浪嶼，走一圈輕鬆一下，加上一頓豐盛的
自助餐，自然留下良好印象。廈門因為靠海，海鮮豐富，而且
福建人掌廚很有心得。可惜，我深知魚與熊掌不可兼得，放棄
海鮮，選擇高爾夫。跟自己說，下次總有機會再來。

內地的銀行客戶對銀行大小有取向。我們不大不小，要
闖出一條路絕不容易。

工作
體會　　打好政府關係，不等於一定帶來好生意，還要看
　　　　地方發展的力度。

第 27 回 銀行追求覆蓋面，不一定是好事

不是每個人都知道原來中國有這麼多銀行。一般人都說得出工、農、中、建四大銀行，或許加上交通，變為五大。再下一層就是全國性股份制銀行，有十幾家，隨便舉幾個例子：招商、中信、光大、浦發，當然還有民生。全國性就是說可以在全國各省市開辦分行。相對有城市商業銀行，只在某個城市經營，例如北京銀行、上海銀行等，按規矩只能在一個城市內經營。股份制就是說銀行不是國有，有其他股東，而且很多已經上市。接着講下去還有許許多多，我就不多解釋。全部超過十萬家銀行，包括分行與支行。

四大行未必比中型行優勝

第一個問題：有錢賺嗎？有。原因是利差是由上頭定下來的，可以說擔保一定賺錢。利差是貸款利率減去存款利率，那個時候差不多接近三厘，一萬億的貸款就篤定有 300 億的收入，淨利起碼一半，就是 150 億。其他貸款餘額較低的，也是同樣公式，算出來的利潤較低而已。可以說全部賺錢，除非銀行出現操作上問題，貸款把關不力，出現巨額不良

貸款，吃掉全部利潤甚至資本，那就等候破產，或給監管單位接收。由此可見，各家銀行總是希望自己的覆蓋面不斷擴大，可以吸收存款，用來擴大貸款規模。

第二個問題：擴大貸款規模困難嗎？這問題有是與非的答案。是，有困難。內地不缺基建或房地產項目，廣泛需要資金。但是銀行同業間搶生意比比皆是。除非數額很大，銀行規模不夠，只能打退堂鼓，否則，在能力範圍內一定會搶。四大行雖有龐大資產負債表，但是面對中型銀行的挑戰，不一定會贏。同時，中央會告訴各銀行，某個時間需要大力支持某類客戶，比如說小微企業，大家就會空羣出動搶生意。簡單來說，市場不缺貸款機會，要看銀行的腕力如何。

第三個問題：有這麼多人有足夠經驗嗎？這問題不好回答。不能說很足夠，也不能說不夠。問題是項目貸款，一般有地方政府支持，雖然不是擔保，有政府背景事情好辦，而且不容易出差錯。說句良心話，經驗不足逐漸成為銀行拓展的阻力。尤其這些日子，政、企分家就是不讓政府影響貸款的審批獨立性。但是可以想像，跟政府有關連的貸款還是層出不窮。表面上看安全，但是誰也說不準。這就是一種潛在的風險，為甚麼我想自己來審批貸款申請，就是想深入了解其中不

為人知的隱患，加強防範信貸風險。

「做大做強」背後的管理問題

第四個問題：有句話叫「做大做強」，很有鼓勵作用。但是做大容易，做強難。是質與量的平衡，可是一般人選擇量的增長，往往忽略保持貸款高質量，將來出問題後悔莫及。或許是我誤解，這四個字根本就代表數量的增長，因為量的增長很快反映在考核上，而質的問題可能要在較遠的將來才出現，管他。這就是國內管理上的一個根本性問題，總行靠考核來管理，而不是用一種恆常性的監督來管理，要到出了事才發現問題，有時候太晚了，無法挽救。

恆常性督促需要大量人力，而且大家在地理距離相隔甚遠的情況下，想檢視、抽查亦不容易。不像我們在香港，由中環到元朗也不過是半天時間，而且可以經常去。國內就有困難，由北京到廈門，來回飛行起碼兩天，不算工作時間。所以我覺得規模宏大不一定是好事，反而造成管理不到位，得不償失。奈何，有部分領導者覺得規模做大就是創造豐功偉績，等待升遷。至於貸款質量的問題，要一兩年才發現，到時候是後人的問題，何必今朝掛心。雖然已經開始實行「追責」，極大

數額的案件可以做得到，一般數額的壞賬要去追查，說易行難。沒有科學根據，多少分行要有多少人管理，管理不力很常見。

有家大行，分支行成千上萬。我問領導怎麼管理，他的回答很簡單，管不了就別管。

工作
體會
銀行覆蓋面不斷擴大不是好事，管不上就容易出問題，很多個案可以證明。

第 28 回 好時光做銀行 無憂無慮

我雖然有 30 年海內外銀行經驗，但腦子裏永誌不忘的是前輩的這句話：銀行看管別人的錢，不能有閃失。這跟內地傳統思維很一致：不要出錯。所以，在滙豐銀行做貸款，有三個英文字母時刻在眼前提醒我們：ECR。可以翻譯成「預期現金風險」(Expected Cash Risk)。在借款給別人之前，就要算好這筆貸款有可能讓我們輸掉多少現金。請注意：這裏說的是現金。很多年輕的同事認為按揭貸款很安全，有「磚頭」(物業) 在手上，客戶抵押八成絕無問題，有兩成虛位在手，不害怕。但是沒想到，手上的是磚頭，不是現金。磚頭變現金，要有人願意拿現金來買才是現金。到了環境劇變，磚頭沒人要，就等於全輸。當然，我們沒理由相信，環境會變得這麼差，磚頭一文不值。但是世事難料，誰說得準？我們不久之前，不是沒有經歷過「負資產」，人人賬面上輸錢，銀行更慘，賬面上輸大錢。所以 ECR 的神髓是說「現金」的損失。等於是說：確定有下家願意買的磚頭才能算是現金。

爭取培訓後浪

大家聽我講完，大概還是「一知半解」，或許有不同意見，磚頭就是現金。問題是要有人買，還要有另外一家銀行肯做按揭，這塊磚頭才「值錢」，否則永遠是磚頭。我在民生銀行內部的「路演」，有機會總會跟同事講到磚頭與現金的關係。不敢說他們聽完「茅塞頓開」，但是多少產生「警惕」作用也是好事。

上任之後，我有機會就出門，到各分行了解國情、民情與行情。算是「食君之祿，擔君之憂」。好幾家分行跑下來，總體感覺很不錯，年輕人多，士氣高昂，做起事來，前赴後繼，絕無「揸攤」。我們聘人的策略是長幼並用，有經驗的做分行或部門領導，帶領年紀輕的，製造後浪。在我們行裏，年輕人真不錯，也給我莫大的鼓舞，原來內地的年輕人有上進心，做事很努力，跟我在海外所見很不一樣。

記得去過山西太原分行，這分行員工很年輕，也很好學。我舉辦內部研討會，講解銀行面對的「機遇與挑戰」，我不會用老套的話語跟他們交流，反而，我用過去的經驗跟他們分享。成功的案例，是有的，但不是主題；失敗的案例，反而

到訪山西太原分行，與一眾年輕員工進行內部培訓，分享自己的工作經驗。

是主題。因為年輕人在經濟蓬勃的時代長大，沒見過失意的痛苦。我舉例跟大家説，我就經歷過銀行貸款利息高過 20% 的日子，按揭還款期限給銀行拉長超過 60 年，對客戶來説，並不好受，也不是好過的日子。對銀行來説，更慘，借出去的錢 60 年後才還清，銀行哪有錢借給新客戶來賺錢，捧着客戶的樓契（房產證）有甚麼用？一班年輕人從來沒聽過這些悲情故事，很感興趣。

　我說還有，再早一點，香港股票發瘋，短短一年不到，從 100 點漲到 1700 點，人人開心，因為大家都賺到錢（包括我自己）。怎麼知道，一下子回頭走，又是短短一年不到，回到 100 點左右，股票不再值錢，當時大家苦笑說：股票可以用來做牆紙。人人輸錢不是味道，平日吃盒飯，飯館關門，更多人吃盒飯。銀行也不行，員工凍薪，不過好過失業。我嘆口氣，往事不堪回味。大家覺得很有啟發，接受銀行的培訓不如聽我的故事，會有不同的體會。這是做行長其中一種職責，「教育」下一代，不僅是理論，而且是實際體驗，更值錢。

「防患於未然」的警惕

　在光芒四射的日子，跟大家講黑暗時刻的悲哀，有點不合時宜。大家沒有切身感受，不容易體會。的確，我在民生銀行過的是好日子。我不久前加入銀行，我們的資產是 7,000 億元人民幣左右，一下子倍數增長，業績自然理想。我不敢獨自領功，各位班子成員以及各位同事居功至偉，值得誇獎（與獎勵）。我反而扮演一個不討好的角色，要求各人保持「審慎」的態度，甚至需要加強基本功，做到「防患於未然」。我的話在太原分行給他們留下莫大的助益，這地方的主流業務之一是煤炭。煤炭受政府政策影響很大，因為始終是污染行業，何時

面對制約，很難預測。可以確定的是制約不會永遠不來，問題是早，還是遲而已。若是不斷加大我們對煤炭行業的投入，會有隱憂。先天下之憂而憂，總是好事。太原有不少早已發跡的「煤老闆」，經常口沫橫飛，我們也需要存有戒心，放存款進來，歡迎。放款給他們搞高危項目，免談。

好時光做銀行，人人懂，賺錢快。不要忘記，環境總有起伏，逆勢而行，智者不為。

工作
體會

謹記：經濟有週期，銀行也不例外。沒有永遠向上衝的潮水，總有一天會向下退。

第 29 回　行家開年會，擺姿態別無他意

　　民生銀行屬於全國性股份制銀行，跟其他 12 家平起平坐。先説明，我到今天還説不清楚應該是一共 13 家，還是一共 12 家。因為有一家經常把自己排除在外，不屬股份制銀行，應該排在四大之後，四大改為五大。但是四大有不同意見，工、農、中、建，一向如此，沒有五大這種説法。有點像「二哥」照鏡子，裏外不是人。這條線畫在甚麼地方，我都沒意見。在內地，有意見説成沒意見是最醒目的做法。

高海拔的會議

　　所有股份制銀行的行長一年聚會一次，由主辦銀行作主去哪裏開會。我到民生那一年正巧是當時還在的深圳發展銀行（簡稱「深發」）主辦，這銀行後來給平安銀行合併，招牌不再存在。深發的行長是唯一的老外，因為大股東是新橋投資，所以委派一位老外當行長，普通話一般，平時靠翻譯與各位同業先進溝通。這人從美國來，有點背景，在財政部擔任過要職，來深圳有點大材小用，甚至有龍游淺水的感覺。我是「假老外」，同樣屬於另類，所以跟我比較投機。

來到高海拔的青海出席年會，怎料演講又出了岔子。

這次的會議安排在青海，這地方沒去過，心存敬畏。原因是海拔 3,000 米，稍不在意行動加快，很容易呼吸困難，要用氧氣救急。出發之前，辦公室已經準備好「紅景天」，要先吃預防缺氧。另外就不用說，我的演講稿也準備好，不外乎做大做強那些套話。除了小金，還有兩位部門老總保障。我能理解，這次行程有點難度，而且記者雲集，隨時殺出「要你好看」那種問題。我雖然久經沙場，但始終是新人，做好防範，安全第一。

第一晚到，這地方海拔高，有點涼，而且感覺呼吸的確困難，頭有點脹。據說都是正常反應，放鬆就好。一夜無

話，第二天似乎稍有好轉，到會場後大家寒暄一番，我是新來，自然要介紹自己。別人大概也聽過我這個人，見面之際，都會說：喔，久仰大名。大家很客氣，心情自然開朗不少。我是第五位發言，靜坐聆聽別人怎麼說。老外第一位發言，的確有點份量，強調不良貸款必須壓縮，一下子就點題。然後其他行長魚貫上台發言，聽到第四位，我有點驚訝，怎麼大家都在講「做大做強」，跟我一樣。莫非各銀行的辦公室事先有溝通，論調一致？看來，我有點吃虧，輪到我講的時候，正如香港人的常用語：執人口水尾。毫無新意。這可不是我一貫的風格，我講演要有獨立、創新的立場，不願意跟風。

演講又掉進坑

說時遲，那時快，輪到我了，大家給我頗為熱烈的掌聲，大概期望我又掉進坑。我一時激動，連奔帶跑衝上台，跟大家打招呼之後，好像啞了，嘴巴張開卻沒有聲音！再來，還是一樣，喉嚨發不出聲音；有點急，真失禮。但是鬥不過事實，就是沒發出聲音。老外很客氣，馬上請我下台休息一會，等到最後再講，沒關係的。雖然有點尷尬，的確無計可施，只好安心等待。這也給我機會聽到後面幾位的講演，跟前

面差不多，還是「做大做強」。終於到我了，我已經學乖，慢動作上台。開始講演，我反過來說，本來想講「做大做強」的戰略思維，可是大家之前都說過，我是新來，怎麼做都不及各位本事，不想班門弄斧，不如讓我說說心底話。

我說，我想帶領我的同事做一個「低成本的經營者」。看咱們業內的平均數，成本跟收入比，太高；收入 100，用掉差不多 45，有規模、有經驗的銀行不該是這樣，一定有空間可以壓縮。不如大家找機會細談節約成本，交換經驗或許會有另類收穫。一萬億貸款，收入 250 億起碼，開支用掉 100 億，那是龐大的數字，如果減去一個百分點，就是一個億。大家算算看？我覺得這段話很真誠，但是講完，下面只有零星的掌聲。我馬上知道，又掉進坑，而且是自己挖的，怪不得人。

在國內工作，經常遇上不吐不快的場面。現實卻不准說真話，要學會不容易。

工作體會　行家之間擺姿態很平常，不能把自己說得太大，也不能說得太小。

第 30 回　內地銀行有神秘感，是耶？非耶？

　　我來到民生銀行沒多久，經常有朋友來探望我。有的是同情我，吃得消嗎？也有好奇的，他們是怎麼樣的呀？你怎麼搞得掂？那些黨員對你怎樣？類似的問題還有很多，反映出一般人對內地銀行的認知不夠。聽到我會參加黨委會更是好奇，因為那是具備高度神秘色彩的。我一般支吾以對，因為永遠說不清楚，外邊來的人總有偏見，覺得這裏都是壞人，整天在做壞事。

　　其實，銀行工作不繁複，一邊存款進來，另一邊貸款出去，存貸之間有利差，由人民銀行決定。剩下的工作就是審視貸款人的還款能力，不要走漏眼。存款利息不能吸引存戶，就開發理財產品，讓客戶多點回報，增加競爭力。自身的內部監管到位，減低風險。另外，加強培訓，鼓勵士氣，恆常溝通，回饋社會等工作，團結一致把工作做好。有甚麼神秘感？難道外邊的銀行不做這些工作？絕對不會。

內地銀行業沒有甚麼神秘，反而是行業中的人讓人要細緻揣摩。

神秘感源自於人

神秘感從何而來？唯一的解釋就是「人」。人不一樣，有些外面的人以為我們的人「有問題」，不一定殺人放火，但是品格有問題。我不想在這裏舉例，説出來好像「栽贓」，那是不對的。我在銀行工作超過 30 年，在香港地區、上海市、北京市、美國、加拿大都待過一段不短的日子。可以説閱人不少。我覺得人的工作態度處處差不多，有的勤奮，有的懶散；只是因為各人標準不一樣，表現就不一樣。

　　我在民生銀行是外來者，衝進一個陌生的環境，內有不同的人一起工作。老實說，我起初也覺得周邊有神秘感，說的話不完全聽得懂，他們哈哈大笑，我是莫名其妙。我明白，我不能夠要求別人來遷就我，要我來遷就別人才對。印證這句話：在羅馬，跟羅馬人做事。問題是：來的人總覺得自己才對，不一樣的人都不對。好像我們在北京吃饅頭，美國人在紐約吃漢堡；我們用筷子，他們用刀叉。沒有對與錯，不要把不同之處看成人錯己對，自然產生神秘感。不要怪我說得難聽，其實是問話的人欠知（也可以說是無知）而已。

儘力去了解不同

　　我的態度是盡快把距離拉近，變成人家的「自己人」。難道我主持會議偏要說廣東話，因為別人說普通話造成神秘感？說下去，我好像在罵人，罵人無知。我無意這樣，但是的確有不少人來到北京就很彆扭，被一股神秘感籠罩。另外一個因素是「大」的關係，來到北京就知道甚麼叫大，最明顯，銀行大。好像咱們民生是中小銀行，但是它的資產規模就比香港的恒生銀行大，而且增長飛快，資產以倍數增加。大家一開口就是以「億」作單位，覺得人家大，自然好奇，也是一種神秘

感，怎麼會這麼大？所以內地銀行在世界排名急速向上，不論是在規模還是在盈利上。

還有一個字可以解釋：搏。搏殺的搏。一般前線人員，搶生意非常搏命，不誇張，真的用命來搏。跑生意，看項目，拉關係（連喝酒），做匯報，都是搏命活。活是工作的意思。我真的很佩服，把家庭、健康放一旁，把生意做成最要緊。甚麼地方來的動力？自己的 DNA、名譽、獎金、升級？或許都有，絕對值得敬佩。或許這就是問起「神秘感」的根源，為甚麼會是這樣？雖然表面上，大家都會說：大家拼搏，為了股東利益最大化。我就覺得這話有點虛，像是口號。有位老人家想為我揭秘，他解釋說：其實因為以前大家都窮，不想再窮，只有拼搏才行。是耶？非耶？

聽我講完，或許大家會覺得神秘感減去不少。莫非是「明天會更好」在帶動？

工作
體會　外邊的人總是對內地有偏見，唱衰多過唱好，改變不了。自己爭氣就好。

第 31 回　芝加哥舌戰老美，心中無懼

說到神秘感，的確有不少海外訪客對民生銀行的快速發展很有興趣。說真話，其實他們不相信一家中小銀行可以騰飛，難道會變魔術？自己過來看看。當然也有專業人士，尤其來自美國，對我們的表現甚為懷疑，難道數字有水份？過來弄個清楚。一句話總結，說得好聽，我們給人神秘感；說得不好聽，我們的數字帶水份。

不僅對銀行，對我這個新行長也一樣。為甚麼是這個人？相信還有許多為甚麼，總之不懷好意。我能理解，我前幾年在滙豐銀行的時候也遇上不少來訪的老外，表面上客氣，骨子裏要我好看，回去就可以大做文章。說來奇怪，對中國人（包括從香港地區來的）總是有種莫名的抵制，看不起是小事，隨意抹黑倒是可大可小。尤其他們的話（一般惡意）傳到倫敦總部水洗不清，很討厭。

防人之心不可無

如今更是如此，不懷好意是出發點，怎麼走下去，要看來人有多少良知。所以對外來者的問題，我一定要提起精神，不能鬆懈，隨便一句話在他們筆下隨時被扭曲。我也不傻，用英語對話的場合，我會邀請辦公室的文膽過來做筆記，防人之心不可無。這種訪問，如同拷問，甚至像拷打。因為我解釋越是到位，他們越是不服氣，心裏總是一句「不可能」，想盡辦法要推翻我的話。我早習慣這種鬥爭，兵來將擋，基本上拿我沒辦法，到時候只好在鬱鬱寡歡下撤退。

這種場面帶來了後遺症，他們回去後必然對我有意見，希望另覓戰場，利用主場優勢，再跟我多打一場。沒問題，包「水腳」，隨時候教。水腳就是旅費的意思，時間免費。沒多久，芝加哥那邊的商會會長來電郵，很客氣，想我過去解讀一下中國銀行業迅速發展的原因何在。不出所料，不服氣的性格改不了，我不會傻到底，猜不到他們想幹甚麼？就是要我好看，以眾敵寡也不介意。首先問董事長，再去銀監會請示，兩邊都無異議，只是口頭關照，叫我點到為止，才是高手過招。我懂的。

　到了芝加哥，這地方我以前經常來，不陌生。商業氣息濃厚，有世界馳名的期貨交易所，一般人有國際視野，合理強勢是比較中肯的評價。這麼說，我是想暗示有些人是不合理強勢，自以為是，別人甚麼都不對，我以前見過不少。到了那一天，會議廳坐滿，起碼 200 人，連午餐每個人 250 美元，有點貴。換句話說，主辦方把我身價抬高才能收得貴。難怪介紹我也費一番唇舌，最重要是把我出任民生銀行這件事弄成焦點，等到發問時大家可以隨意「發炮」，弄得我低頭無語，那就值回票價。要人好看，似乎成為生活的樂趣，中外一樣。

先下手為強

　我當然是有備而來，一開始就「發炮」。我說，各位來賓來聽我講話，其實不然，想證明我說的話不對。比如說，一定有人會問我漠視人權、環境污染、官吏貪污、知識產權、偷竊技術等問題，不管我怎麼回覆，他們都有一套理論來反駁我，說我偏頗。反而大家對內地銀行快速發展沒有太大興趣，因為那是不爭的事實，最多表示懷疑，但是不能誣衊我們造假。是不？

　　我接下去再問聽眾：如果我們樣樣都不對，請問大家為甚麼中國經濟能夠飛快增長，必然有一件，起碼一件事情做對了？是不？不會無風起浪，必然有因。那是甚麼原因呢？我故意停下來，讓大家去想，甚至回覆我的問題。台下很安靜，或許都在想。我說，我身為外人，同樣對這個問題感興趣，曾經深入研究。以民生銀行為例，答案是：思想統一。大家有共同目標，沒有異議，我們才跑得快。試問各位在美國，甚麼時候遇上思想統一的局面？平時不是吵吵鬧鬧，相互拖後腿，導致事情辦不成？請大家深思我所說的話。被我抓住痛腳，無言以對，只好繼續聽我解釋快速發展的原因。我相信我的解讀與答問絕對值回票價，因為講完掌聲雷動。

　　芝加哥之行只是起點，以後肯定還有下文。美國人輸不得，不擇手段總想贏。

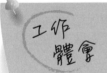

工作體會　身處內地，一樣感受到美國人的驕傲，他們認為自己各方面都比咱們要強，絕不認輸。

第四章

看無規矩，其實不然

第 32 回　**對領導，好過對親爹娘**

　　回到北京，覺得與分行溝通不夠，馬上關照小金安排出巡。首選西安，因為是古都，文化氣息濃厚。有人說，北京不過一千年歷史，西安三千年，欣賞文物西安更值得去。當然，我不是想去欣賞文物，只是覺得西安這地方歷史故事一籮籮，身為中國人碰上外國人不能不講幾個動聽的歷史故事，要親身來看過，有第一手資料講起來不一樣。

　　辦公室效率很高，這邊說完，那邊已經安排妥當。他們熟悉我的習慣，第一天夜機到，第二天開會，第三天一早走。有如蜻蜓點水，一點不浪費時間。這一次不一樣，難得來到三千年古都，總要花點時間參觀一下，雖然我以前不是沒有來過。他們說，有分行裏的識途老馬帶路不一樣，還有到位的解說，不能錯過。對我好，我能體會；也不忍心說不行，要趕回北京。終於把早機改為夜機，可以有半天多逛一會。我聽到他們在嘀嘀咕咕，說我太「頻撲」，一般領導來起碼一個星期，滋油淡定，工作與休閒並重。或許是我的「職業病」，一直認為自己是機器，不能停下來，否則再開動，費勁。

內地「爺孫」關係

在內地，不管是哪裏，把領導當「爺爺」很常見。爺爺是尊稱，孫子是對自己帶有貶義的稱謂。有爺爺，就有孫子。相反，有孫子，就有爺爺。在我們銀行，我自然是爺爺，其他班子領導也是爺爺，或奶奶。分行行長就是孫子，中間沒有爸爸這種稱謂。在銀行體系，我們做行長是孫子，監管部門的領導才是爺爺。大家要認清楚相互之間的關係，孫子對爺爺要細心，要體貼，就真的像對自己爺爺那樣。當然也有人對銀行裏的爺爺遠遠好過對自己的爺爺奶奶，不是無因。大致上分為三個原因：第一，爺爺操生殺大權，年末獎金爺爺說了算，必須盡心盡力對待爺爺。第二，爺爺對人事調動與人員調整有絕對話語權，千萬不能得罪。第三，我們固有文化的確說明，孫子對爺爺的確親切，關係好過對父母。有點奇怪，是不？

第一晚，飛機從北京準點來到西安。航站樓有三個人接機，分行行長、副行長站在一起。還有一位穿制服的女生，捧着一大束玫瑰花，明顯是給我的，趕緊謝過。以前我在滙豐，我一定會罵兩句，花買來幹嘛？浪費！現在已經學會客氣，結果就算。走出機場，行長跟我坐後面，副行長坐前面。一看時間，九點三刻。哇，很晚了。開我到酒店就好，

你們趕緊回去休息吧。很明顯，他倆一定有安排，不想走。果然，行長輕聲説：行長安排好晚餐，走幾步就到了。不要了，已經吃過了。我想辦法推辭。行長又説：中菜不喜歡，咱們去吃日本料理，也訂了位，不遠。我重複一次，飛機上吃過了，算了吧。他們還不死心，依然想我吃點東西。我一看酒店大堂的酒吧還開，不如這樣，我請兩位喝杯啤酒，就一杯，好哇？飯店那邊就取消吧。他倆如釋重負，一起喝酒去。我能理解，他們不知道怎樣應對行長，吃還是不吃？結果認為吃是上算，因為過去都是這樣，接過行的領導肯定要吃，沒有人像我，堅持不吃，還要請他們喝酒。

下屬縱容領導

我有點同情，相信接爹娘飛機也未必雙重準備。因為領導見怪，後果堪虞。對領導好，比對爹娘好更重要。結果，一路喝酒，一路給行長訓示，但是我知道，他們怎麼都不會冒險對行長有所怠慢。第二天，跟各員工見面，我一直很客氣，面帶微笑。我絕對不想做「土皇帝」，就趁機把我的「向下看」跟分行同事説了一次。讓他們能夠接受大家都是同事，不同崗位有不同職責而已。我來訪，不是為了吃喝玩樂，我想了解更多民情。這樣我們才能提供適當的支持，讓大家把工作做好。

　　官僚作風是一個大問題，有時候不是上面的人擺架子，是下面的人故意「抬轎子」讓領導坐上去。坐慣了不覺得，就一屁股坐上轎子，就像做官一樣。要做官也要做「父母官」才對，了解民情，解決民怨，才能深得民心。這就是我對各同事講話的核心內容，我看見幾個年輕的同事一邊聽，一邊點頭，眼角有淚光。我在想，我不能改變一切，但是我能改變多少是多少。

　　我們常說要改革，像是遙遠的路，永遠走不完。其實，第一步是領導帶頭改變思維。

工作
體會

不少人認為領導人比爹娘更重要，是靠山，大多是沒有領導力的領導人。

第 33 回　距離太遠管不上，容易出事

　　西安之行第三天，大家給了我半天的假期。講到假期，在民生是一個模糊的概念。一個人一年有多長假期，好像沒有一個很清晰的定義。一般職員「大概」是兩個星期，我用引號是因為是聽說而已。人力資源部那邊的說法，往往跟同事親口告訴我的說法不一樣，總有差距。如果我去問部門或分行領導（包括正副手），從來無法得到統一的說法。大家一般是笑笑，好像我很無知，不知道太陽從東邊升起。我自己呢？合同上寫好是兩個星期，但是董事長曾經說過，休假隨意，有事就休，讓辦公室安排就好。是甚麼意思？一直沒搞清楚，但是我不想問到底。謹記在心：銀行是服務性行業，服務羣眾，全情投入很正常。所以，一直沒放假。如今可以趁探訪分行，走訪西安的古跡，心情開朗。

　　西安不是沒來過，但是以往總是「走馬看花」，很多地方都是用「遙指杏花村」方式遠眺一番就算了。這次起碼細看了兵馬俑，上過西安城牆，感受當年秦始皇那種「大地在我腳下」的豪情壯志。聽了導遊的解說，對秦始皇有很不一樣的感覺，以前只是停留在「暴君」以及「焚書坑儒」的層面，對他

到西安出差，探訪分行之餘，也趁機看看當地的古跡。

的生平與登基的歷程所知有限。聽導遊一説，感覺不一樣，原
來焚書也有他的道理。一路聽，一路想。在我們銀行可有這種
「以訛傳訛」的情況，我想一定有，而且很頻繁。不少分行領
導假借「聖旨」，亂發號令不稀奇。總行領導訪問分行有實際
作用，值得鼓勵。

地理上的管理缺陷

香港地區不似中國內地，北至元朗，南至香港仔，總
行領導要到分行探訪一點不難，安排專車，一天之內肯定搞
定。內地不一樣，北京到西安就需要兩至三天，還不過是「蜻
蜓點水」，不能細看。這種「地大物博」的情況造成一種管理
上的缺陷：太遠管不上。而且，我們在內地經常遇上「上有政

策，下有對策」的問題，想要上情下達簡直不可能。只能騙騙自己，發文給分行，要求嚴格執行。不要天真，以為這樣就解決問題。不過我們還好，有紀律檢查的功能，有人瞎搞，很難瞞天過海，總會被提出來檢討。雖然如此，地理距離肯定造成「山高皇帝遠」，要管管不上的現象。

所以，不能讓分行領導長年在同一崗位上任職。一般三年左右一任，到時候就換人。在內地，就是因為調換頻密，常見某人今年在西安，過三年調任廈門。水流湍急不易有青苔就是同樣道理，可是也有負面作用，因為銀行強調與客戶建立長期關係，三年一任就難以建立緊密關係。幸好，內地的貸款經常是項目融資，做項目多數一次性，強調現金流傳，反而建立關係不是絕對必要，調動頻密也不一定是壞事。我覺得，以防守的角度來說，三年調職很合適，不讓分行領導變為「山寨王」，隨意自把自為。可是對於員工的栽培很有可能斷裂，後者不知前者有何想法，如何延續是個問題。

重視價值觀的建設

民生對這種問題有應對方案，我們派人按時來到分行進行調研。管理有問題與否自有專人觀察與判斷，表面上是個

不錯的主意。實行起來，始終面對現實的問題。第一，分行多，需要有足夠的人力與時間才能作出深度判斷，避免表面文章。第二，彼此之間難免有「客客氣氣」的交情，除非有重大事項，否則一般都會給面子，甚至「得過且過」。還是回到管理到位與否的問題，很難有完美的解決方案。

這是一個企業文化的問題。如何建立正直、誠信的價值觀，如果借鏡滙豐銀行當年的內部指引，銀行從業員的所為必須具備絕對的「誠信」，英語是 in good faith。如果不小心導致錯誤，甚至要賠錢，不重要，只要認錯，不讓自己再犯，可以接受。但是如果有意使用不良手段行使詐騙，絕對不能容忍，必須立即撤職查辦。我身為總行行長絕對不會讓步，必須嚴格執行。這樣的訓示必須多講，同事才會牢牢記住。如果這樣的訓示，講的人只是輕輕帶過，肯定沒用。

或許是我重視價值觀的建設，在我任內沒有出過重大案件。守住信譽最重要。

工作
體會 「做大做強」是不能實現的口號，做大可以，做強就很難。大就管不了，屬高危。

第 34 回 **休假有等於無，休息隨意**

關於假期，民生銀行是這樣，其他銀行也一樣，名義上有休假，其實沒有。很少人（包括同行領導）會説今年暑假帶孩子去歐洲旅遊輕鬆一下，平時忙得要命。記得以前在滙豐，一年起碼四個星期假期，一次性必須放一半，其餘可以散放，三天、兩天不等。連在長週末可以放四、五天，很爽。必須連續放兩星期是合規要求，因為兩個星期不在辦公室，有甚麼藏起來的「壞事」就很有機會浮現，無法隱瞞。同時，站在員工身心健康的角度，能夠在緊迫的工作之中，抽時間去放鬆心情絕對有益。

休假是內地禁語

年輕的時候，同事間還要搶假期。假期一般是暑假，主要為了帶孩子出去遊玩，人人如此，不搶才怪。今年歐洲，明年美國，如此這般，年年如是。來到內地，情況有變。假期似乎不存在，平時很少人會説：我下星期休假一週，去日本玩。要離開幾天的話，會説：我休息幾天。説休息，不説休假。我開始不懂，後來總是聽到人家説休息一下，就知道這人

其實是想放假。逐漸了解休假是禁語，英語叫 taboo，不該說的話。跟休假有關的是假期，自然也沒人會提到假期，也是禁語。

為甚麼會有這種奇特現象？我問過班子成員，沒有一致的答案。有人只是笑笑，不回答。我猜想，是因為休假是件「複雜」的事情。首先，要向上級申請。等於說，讓上級知道，自己想「不幹活」，這可不是好主意。我們來自香港地區，會反駁：這是我們的權利或福利。在內地，總會覺得自己的付出會因為休假打折扣，比不上同輩。全力以赴，不是口號，需要身體力行。同時，要記住，缺席不是好事。大家對缺席看得很重，好像缺席就代表出局，誰也不想。

講到缺席，我很有感受。比如說，銀監會叫銀行領導開會，下午三點半來電話，五點開會。加一句，來不了，打電話給他們的領導「請假」。誰願意打電話請假，有其他安排也要推遲或再作打算。所以在內地約人開會，對方經常要改時間，無他，他的領導要他參會，不能不去，要請假絕對不行。

其次，休假一、兩個星期，沒地方去。想去國外旅遊，有難度。我的同事手上的護照只有公務簽證，私人旅遊用不

上。要申請簽證，不容易。只好告訴自己，國內不少地方山明水秀，值得一遊，但是要去一個星期，絕對是考驗。比如說，去西湖吧。你去之際，別人也去。人山人海，在斷橋上千萬小心，隨時斷橋上出意外，不值得。而且是一個星期，不是受罪嗎？結果還是作罷。事實上，國外去不成，國內去不得，家裏待不住，還是上班算了。

休假成了個「兩難」

國內旅遊還有其他困擾，不可能不開車，坐公共汽車有危險，而且條件很一般，不敢坐，也不想坐。自己開車又是另類困擾，堵車的嚴重性不經歷過不知道。舉例說，從北京開車到附近景點，一小時車程，堵車結果要三、四個小時。唯一可取是可以下車做健身操，而難受的是上衛生間，車附近沒有。到了目的地，停車、吃飯都是人滿為患，等待是無可避免。氣上心頭，休假隨時變休克！休假不成，剩下的假期可否留到下一年。不可以，沒有先例。休假是個兩難的局面，想休，休不成；不休，拉倒可惜。休息一下，不妨。大家都能理解，因為感同身受。

還有一種現象，是從假期「形同虛設」引伸而來。上層領

導連週末休息的時間都有可能被「挪用」，用來開會。為何這樣？就是因為平日要湊齊大家一起開會，幾乎不可能，辦公室只好把會議安排在週末，大家都能到場，拿出「集體領導」的精神面貌。請留意，越高級的人物，週末越是忙碌。出訪、考察、開會、訓話等很多時候都在週末舉行。或許也可以因此深得人心，利大於弊。

內地工作有許多不確定因素，經常面對改期的困擾。精神勞累很普遍，必須爭取休息。

工作
體會　　跑業務要應酬，拉關係很費神。長年不休假，百上加斤，不可取。

第 35 回　學無止境，在北京學修辭

西安的確具備三千年歷史的沉澱，到每個角落都能讓人「發思古之幽情」。四處都有小商店，把悠久的歷史商業化，消費者忍不住就會買點紀念品，我也不例外，總不能入寶山而空手回。看中一塊地氈，説是 400 針，摸上手感覺不錯，價錢也合理（經過多次砍價）。唯一的「缺陷」是地氈主題不對，跟西安完全無關，是一張「清明上河圖」！管他，不説穿沒人知道我在西安買的。內地的商品無邊界，無遠弗屆。

回到北京，不敢張揚，作為收藏品，將來帶回香港。除了這些略帶商業化的紀念品，我還想在北京學點東西。比如説，北京不少公園，內有不少高人玩雜耍，看過人玩巨型陀螺，打在地上不停轉，好過癮。弄個回去，在山頂纜車站附近露一手，應該讓人艷羨。花點時間在北京逛逛，好玩的東西可真多。本地人生活多姿多彩，因為城市充滿文化氣息。記得有趟慕名去聽話劇，是老舍的茶館。真是慚愧，看旁邊的字幕，最多只聽懂三、四成北京本地話。心想，我的普通話已經不錯，可是來到北京，竟然是個缺陷。

佩服北京人的修辭

聽到我說到自己「蹩腳」的本地話，滙豐銀行丁行長安慰我，說他來了北京十多年，也不過聽懂一兩句，叫我不要介意。我不介意，只是有點在意。身為中國人，來到北京才知道自己有所不足。以前覺得自己在中國南征北討，很了不起，普通話已經徹底擺脫香港口音，卻沒想到來到了北京，原來只是一般貨色。講話如此，用字更差一籌，修辭遠遠比不上辦公室那些小兄弟。人家拿捏準確，該重就重，該輕就輕，可說天衣無縫，找不到缺口。

是讀書的關係嗎？他們並非主修中國文學，應該扯不上關係。而且他們講起歷史故事，讓人佩服，夏、商、周到秦、漢、三國、隋、唐五代，到了宋、元、明、清更是如數家珍，故事一籮籮，讓我十分羞慚。身為中國人，對他們所說很陌生，如同外國人初次聽相聲，跟着人笑就笑。知不足而學，一早回辦公室，趁早晨還沒準備好，把辦公室的文件拿來學習。之乎者也那些東西不要，沒用。逐漸發現修辭是門學問，文字總是擦邊而過，也可以說彎道超車，有驚無險避過迎面而來的危險。

扮成半個北京人

修辭這種學問，一定要常用。我學會一些皮毛，馬上派用場。開會、提示、訓話最合用。別人也聽出來，這人不好惹，綿裏藏針，對我來硬的肯定吃虧。講話中間有虛位，補上一兩個歷史典故，加強溝通有效性。記得說過，要在這地方被人接受是「自己人」，不能說說就算，起碼語言、修辭、典故都要擺脫過去的形象。適當時候，加進 TMD 三個字（跟董事長學的），抑揚頓挫一番，才逐步扮成半個北京人。跟領導班子一起，是最好的試金石。想去喝酒，就說咱們「碰一碰」或許「弄一個」，大家就知道我想幹嘛，好，來一個。這麼說，也就是公文常看到的「原則上不反對」，或「基本上同意」。

說自己是半個北京人，有點抬舉，不過也是事實。我們在北京看到老外說一口流利中文，總會覺得對方頂呱呱。我來的時候，有人說我是半個洋鬼子，不是我長得像，只是外國回來，沒說我是「海龜」（海歸）算是給面子。我能逐步調整自己的普通話，加強捲舌音，語速加快，慢慢變形，人家開始不當我是外人，不再有顧忌。寫稿子，有時我自己操刀，蠻過癮的，跑跑龍套不把自己當大老倌，反而受到尊重。找我來的其中一個目的是要我引進西方管理理念（其實引進也沒用，沒有

地方色彩等於廢話），不到一年，我倒跟大家學會了不少本地經驗，尤其是有機會琢磨優雅的修辭，覺得生活很豐盛。

從一開始，走一步是一步。走到今天，真沒想到會有這樣的發展。

工作體會 身邊不少年輕「文膽」，落筆生輝，錯誤隨時被淡化，甚至化為烏有。

第 36 回　媒體追求動態採訪，為了吸引眼球

　　我一來民生，就在辦公室安裝了一台電視機，長期播放彭博（Bloomberg）英語新聞台，目的是想第一時間知道世界上其他地方發生甚麼事情。當時，這個新聞台還可以，有急迫的事發生，馬上轉播。這種速度，比咱們內地的廣播快得多。大概咱們要審視突發事件能否轉播，可以的話才播。稍有快慢不是問題，我是希望知道第一手資料，沒有刪減那種。其實，我的擔心不需要。兩邊的速度差不多，而且原汁原味，沒有刪減。

　　這一點是一項進步，幾年前我在上海工作，連 9.11 事件的報導也有時間上差距，外國新聞較快。再早幾年，新聞更是落後，不少根本不播。來到民生，就感覺到中國的開放越來越快。媒體幾乎沒有保留，該讓人知道的新聞，就讓人知道。難怪銀行界開始講「走出去」，希望有機會向外發展。這也跟我起初的發言，要大家「向外看」沒兩樣。我的「向外看」也得到無形的認可，甚至覺得我先知先覺，很棒。

跟媒體相處之道

　　媒體開始重視中國市場，有更多老外記者進駐北京。他們如果閒來無事就四處找新聞，民生銀行，還有我，是他們目標之一。銀監會一有動靜，他們就過來打聽消息，發到美國成為一種號外，英語叫 breaking news。我一般客氣，因為他們也是為了工作，能夠早過行家報導，爭取收視，取悦總部。我不僅客氣，還會盡量解說信息背後有何意義，在媒體圈內甚受歡迎。我當然知道，地下隨時有紅線，小心謹慎為上。對付媒體，客氣之餘，能收能放最重要。

　　逐漸跟他們建立良好關係，不過我的規矩是晚上六點後不接觸，有事明天請早。跟媒體打交道，最怕就是太接近，容易上當。他們總會來一句：不會講出去。千萬別信，信就慘。另外，也別傻呼呼，跟人家説我講甚麼是個人意見，這個世界哪有個人意見，你一説就是銀行的意見。見報之後，就知道後遺症有多麻煩。跟媒體最好保持距離，不要交往，更不要交朋友。從前我在滙豐的時候，有位公關經理負責打點我平時的媒體訪問，她在英國倫敦 BBC 做過十年採訪，深知其中「反面無情」的手法，經常勸戒我「守口如瓶」，敏感的題目無可奉告就好，言多必失。她是一位箇中高手，是我的無形

枷鎖。不過這種約束對我很有幫助，尤其來到北京，千萬記得：點到為止。

媒體訪問需要防範

媒體訪問在我們這裏不是很受歡迎，大家抱着一個心態：關你甚麼事？有時候，我想接受訪問，目的是想造勢。舉個例，我們開辦私人銀行，值得宣傳。做個訪問，增加知名度，好過花錢做廣告。領導班子有保留，大概怕我出錯，講多了不好。其實就是不習慣跟外人接觸，他們這種保留我能理解，因為媒體近年來不斷進步，開始出其不意問一些敏感問題，被訪者不易招架。同時，我們上面有人監管，沒有首肯，不能隨意發表意見。記得多年前的訪問，全靠被訪者事先準備好一份「自問自答」的文字，交給記者發表，做到滴水不漏。但是時代不斷在變，靜態訪問很快轉換為動態報導，報紙已經落後，靠電視螢光幕來吸引眼球，最好有人出糗。雙方很可能有矛盾，我們刻意防範的措施很正常。

說到上頭有監管，不完全正確，其實是自我審查。對外國媒體講話絕對要避忌。辦公室主任拿我沒辦法，他也知道，有時候公開講兩句，不會惹風入肺。他是負責辦公室的事

務，有差錯他要扛責任，不妥。還有董事會辦公室，我的話算不算信息披露？有待確認。確認前，必須知道講話的內容。好像雞跟蛋誰先的情況，人家還沒問，我怎麼先有答案？董事會辦公室過了關，還有可能到監事會辦公室過一下。要過三個辦公室，煩不？結果是算了，問別人吧。現在看起來，覺得不可思議，但是當時層層有人把關，很正常，也很難向人解釋。

誤解往往來自不充分的理解，而理解往往被扭曲，產生誤解。一環扣一環，解不開。

工作
體會
媒體訪問大有學問，對內地媒體要適當吹噓，對海外媒體則要慎重，講話隨時被扭曲。

第 37 回 考核是雙刃劍，讓人敬畏

　　講到管理，考核是內地評估一個人表現的最常見方法。評估可以半年，也可以一年，一年為多；因為涉及工作很繁複，半年不值得。「考核」兩個字在香港地區不流行，我們多數用英語，把考核叫做 appraisal，就是評估業績的意思，等同內地的考核。跟考核相關的名詞叫指標。有指標，才能用業績來比較。未達標者，勉勵；達標者，鼓勵；超標者，獎勵；超級超標者，大大獎勵。我本人加上領導班子成員同樣要經過一個 360 度的評估，來決定此人是鼓勵還是獎勵。

　　360 度考核是常用的方法，自己的上級、同級與下級都要各自「打分」，計算總成績。看來很公平，公正，行之已久，一向沒問題。大概我在的時候，經濟起飛，生意好做，人人達標，甚至超標。獎金自然豐厚，由董事長一人決定，因為他分管人事，不用他人插手。如果問，如何豐厚？沒有一個平均數可以提供，只能讓大家猜。以北京一家支行為例，資產規模 50 億元人民幣，行長在輕度超標的情況下，全年工資與獎金可達 200 萬元人民幣。高度超標就更加不同凡響，隨時有機會上 300 萬元，比一般商業銀行要高。因為我們的原則是「多

勞多得」，無上限。有吸引力，是不？北京問人時不會說「是不是」，說「是不」，比較親切。

首次做三向考核

不過不要以為班子成員跟着水漲船高，隨時更高，非也。因為大家沒有一筆賬，只有總賬，怎麼算也不會大大超標，輕微超標有可能，低檔兩位數的意思。但是這些領導面對其他考核科目，包括一些軟性的表現，例如對黨的忠誠度、傳遞重要講話的熱忱等，隨時把總分拉低。怎麼考核呢？部門總經理以上人員加上班子成員聚首一堂，手上有份名單，Y 軸是人名，X 軸是科目，大概十個科目，每個格子寫個分數，0 分最低，10 分最高。做完有人會收起計算，結果交給董事長，以便決定獎勵幅度。

我第一次做這種三向考核，自然很用心，到底是 7 分還是 8 分，費思量。做到一半之際，人家開始交卷，自己明顯落後。心想，不可能這麼快？難道是自己太認真，結果人越來越少，只剩下我一個還在努力，落後別人半小時。終於完成交了卷，看到表格密封後才離開。並沒有「放榜」一事，大概都交去董事長那邊，等他決定如何「分紅」。我也不是很在意，直

到銀監會有請，要我去討論考核結果。咦，奇怪，要討論？看來不是好消息，心裏忐忑。到了那邊，有位認識的主任接見，還有文書作紀錄。先說一大堆考核的目的與執行程序，讓我理解這制度有公平、公正的評價。

讓人難防的暗箭

他在講的時候，我的考核成績放在桌上，我依稀可見上面的分數，自然有高有低，看上去有 7，有 8，也有 4、5，差距蠻大。最讓我吃驚的是有一連串 0 分，甚麼意思？莫非一無可取？他講完就用嚴肅的眼神跟我說，這份東西最大的問題是有三個人全給我 0 分，把總分拉低。是不是有人跟我很「不妥」，故意耍手段，來招「暗箭傷人」？我不覺得有呀，我說。起初或許有人有點不習慣我的風格，但是逐步調整，不久大家合作無間，不應該出現暗箭。他就說，這份報告他能理解，但是要呈上更高層人士批閱，他們會幫我解釋，應該沒事不用擔心。可是我要審慎觀察誰在我附近埋地雷，這三個人會交給銀行的組織部處理，原則是「明人不做暗事」，有話直說，不該出小動作，不合團結合作的精神。他說的話很實在，我很感激。不是說，拿了報告大做文章，要我好看。也讓我抽口氣，原來有這樣的人在我身邊，背脊有點涼意。

　　當然，下一步要做的事，必須不動聲色，若無其事。我也不能完全怪責別人給了低分，也是他們的判斷，跟我不一樣而已。值得慶幸的是有不少人打了高分，反而指出分數懸殊表示報告具有「不可信」因素。老實說，我再灑脫，也免不了鬱悶。只能安慰自己，正如歷史宮闈劇中，宮廷必然有忠，有奸，幾百年來如此，不必大驚小怪。我是空降部隊，外來者能夠出任行長，有人不滿化為暗箭很正常。或許是上天給我「無形的庇佑」，要我小心做事。

　　這次的考核讓我理解它是雙刃劍，而且明、暗時分都可用。自此，心懷敬畏。

工作
體會

考核可「載舟」，亦可「覆舟」，心看硬性成績，忽略軟性成績，結果不夠全面。

第 38 回　參加民主生活會，絕對是禮遇

　　對於考核事件，董事長頗為介意。我知道他這人好客，我到民生就是客，對客人有所不周，他很不爽。我倒無所謂，橫豎事情已經過去，自己要醒目做人、做事，很應該。他有天經過我的辦公室，伸腳進來，跟我說了幾句話。他說已經安排我參加民主生活會，找機會跟大家談談，相互交個心，表示自己量度，做個榜樣。老實說，我沒聽明白，甚麼生活會，也不好意思問清楚。他加一句，辦公室會安排，放心。

　　趕緊問小金他說甚麼？生活會？小金馬上懂，可是他沒解釋，只是說，好呀，咱們去哪裏？多番打聽之後，大致上知道是幹甚麼。原來是讓大家自我檢討，有點像「君子三省其身」那樣。要自我檢討，不是容易的事，因為不少人都是自我中心，只有自己對，別人全不對。要參加生活會，不能罵人，只能罵自己，很有意思。這時候，開始理解要我參加的潛在原因，大家交個心是這個意思。

到「生活會」見識

　　果然是掌門人，想法不一樣，這安排可說是「以退為進」，也可說是「握手言和」。以我看，是給我機會跟大家分享一下自己這一年來的「得與失」，增加透明度。越想越佩服，這一招是絕世好計謀。小金說，要去廣州與深圳，有空可以經香港回北京，又是另外一個好安排。南方的城市對北方人來說不討好，安排我去不是沒有道理。原來這是年中大事，我的身份特殊，要主持生活會要組織方面同意，當然不成問題，或許他們也有同樣想法，為我費心。

　　迫切的等待在廣州實現。不是全行人員參加，只有幹部與會。大家在會議室靜悄悄安坐，我是主持坐中間。小金事先並沒有跟我解釋「議程」如何，只是說，每個人說說自己的是與非，讓他們說就好。一開始，我就按部就班，讓行長先說。他有點猶豫，請我先說。既然是交心，我就老實說自己不懂，行長先來，我看看就懂。這個行長出名「縮骨」，說話有點吞吞吐吐，一聽就知道無意交心。但是跟他的程序，我明白規矩是先說自己表現不好之處，藉此機會吐真言，希望大家用心合力，協助自己重新出發。

反省自己不足

終於機會來了，身為行長，對自己不滿意之處可不少。比如說，來分行探訪次數不夠，對大家面對的困難與挑戰有所忽視，無法配置更多資源為大家解困，很過意不去。聽說行長要講 20 分鐘，只好把過去一些困擾攤開來說，自己應該負責甚麼？我說，我理解大家對行長有兩點最重要的期盼，我都沒做好。第一，大家希望我能指路讓生意做得更大，但是這一年來，我反而強調做銀行要審慎，等於少做了生意，真是過意不去。好像我說過不要「抓大不放小」，很勞累。最後大家甚麼都去搶，大小通吃，結果不理想。不如專注抓大魚，小的放一旁，效果會很不一樣。第二，我做不了廟裏的菩薩，為人消災解厄，很抱歉。做銀行，每個人要記得「小心駛得萬年船」，不要為了眼前的回報，忘卻風險。

我補上一個故事，是我在美國的觀察。有趟人家請我去看 NBA 籃球比賽，坐在看台上層，價錢較便宜。一路看球，一路緊張，大家死勁為主隊打氣，一直叫口號。在中國內地，叫口號一定是「加油」，喊破喉嚨還是加油。在美國，可不是加油，加油就是為了進攻得分，爭取勝利；他們反而是叫「防守」，不停叫「防守」。原來他們知道守得住，才有機會勝

利。不叫加油，就是怕球員「貪勝不知輸」，出現漏洞，反而輸掉比賽。我看我頭一次的生活會經驗還算不錯，大家沒有保留，甚至批評總行行政上有缺陷。

總有人說，內地做事報喜不報憂，不想犯錯給別人抨擊。如今我看到改變，覺得有希望。

工作體會 不要小看「民主生活會」，內含 360 度批評，加上自我檢討，知錯能改。

第 39 回　南方分行民風，與北京大不同

　　廣州之後，馬不停蹄，趕到深圳繼續主持民主生活會。有了廣州的經驗，來到深圳駕輕就熟。大概是比較接近香港的關係，我覺得深圳的同事開放，有話直說，甚至自我檢討，也不會轉彎抹角。改革開放帶來機遇，在銀行工作也一樣，專心一致，靠自己努力爭取上游，而不是靠吹捧別人上位。但是深圳離北京較遠，它的發展潛力經常被忽略，沒有配置充分資源，有點可惜。

　　話雖如此，但是不少金融機構以深圳為總部，發展迅速，成為業中翹楚，例如平安保險、招商銀行等。它們跟其他地方的金融機構有明顯不同，在於大力發展零售業務。我一向知道幾個「神奇」數字，銀行領導必須謹記在心。第一，外資銀行的資產規模只佔全國 2%，一直沒變動，證明外資銀行想要擴大規模，非易事也。第二，內地銀行的零售業務佔比不超過 20%，在整盤業務來說，不成氣候。有兩家銀行屬於例外，一是招商，二是工商，佔比約 25%。為甚麼？因為零售是藍海，對公業務是紅海，競爭明顯，增長放緩。但是要銀行

的決策者轉向，加大力度發展零售，並非易事，我在民生深明其中道理，規模增長有限，不對胃口。

拜會招行行長取經

來到深圳，突然想到上門拜訪招行馬行長。他在銀行界甚有名氣，跟他取經肯定沒錯。尤其招行的多用途信用卡，國內外都有名氣，值得借鑒。他很好客，熱情接待我的到訪。相互客氣一番，進入正題：如何促進零售業務的發展，我也告訴他這塊業務是我分管。他笑笑，招行有地利優勢，其他友行比不上，因為深圳是「移民城市」，很多外來者在深圳打工，屬於個體戶，賺了錢自然會消費，信用卡成為媒介，提供方便，增長快速很正常。招行成功驗證「抓大不放小」的生意手法，其他省市就未必有他們的優勢。而且深圳貼近香港，不少港客過境來做生意，帶動金融活力。他講得有道理，果然是高人，我很佩服。

接着大家閒談，說到我過去在滙豐銀行的經歷，有苦有樂，他甚感興趣，靜心聆聽。我順便問他過去的日子可有值得後輩學習之處？我知道他一定有許多的故事可以分享，其他不說，就說他「上山下鄉」那段日子，到東北鋪了九年

鐵路路軌，給我很大的感觸，甚為敬佩。當時我在想，人經過磨練，才能奮發圖強，闖出名堂。我們在香港，真是天堂一樣，時常講吃喝玩樂，還經常怨天尤人，甚至看不起內地人。說得難聽，不少井底之蛙正在自我陶醉，以為自己很了不起。

回港成了另類「左仔」

回到香港，當時還可以稱之為「東方明珠」，因為非典肺炎之後啟動的「自由行」，帶來新動力，把東方明珠擦亮，成為內地訪客的樂園，可以購物，可以品嚐美食。我是無瑕享受這種新生活，準備添置衣裝，北京的冷不是一般冷，而且職務上要求出門探訪分行，冷到零下不稀奇。同時趁此機會跟老朋友敍舊，交換行情。可是發現自己離開香港沒多久，好像約晤朋友不容易，都說很忙。明明是「有朋自遠方來」，不亦樂乎才對。怎麼好像隔了萬重山？一下子變為「丈八金剛」，摸不着頭腦，難道我身有內地氣息，大家都避之則吉？可能是，記得我當年北上工作，也遇上這種現象，朋友圈忽然縮小了。原來是大家因為怕我招兵買馬，選中了推卻就不好意思，不如早早避開為妙。現在也一樣，更令人害怕的是我在內地銀行工

作，政治上來說，偏左，不宜攀搭。沒想到，如今我變成「左仔」，另類「當紅」。

我當年美國回來，也有同樣的感覺。因為我剛從滙豐退休，朋友圈收縮，因為我是提前退休，在某些人眼中，可不是好事。香港人很現實，有人當旺，大家靠攏；有人當黑，大家散 band。可惜要到一定歲數，才能理解人間冷暖。我不會怪人，或許我自己也是一樣，在香港過日子，懂得「明哲保身」與「進退自如」的道理。忽然不想多留，速速買機票回北京。

下飛機，冷風颼颼，正是北京的冬天。小金、小李來接我，燦爛的笑容搭一句：歡迎行長！

工作體會　南北文化大有不同，語言也不盡相同，管事容易，管人難。做領導，甚艱難。

第五章

總有事情想不到

第 40 回　私人銀行名不符實，沒得搞

　　很佩服招行的馬行長，知道他一直大力支持零售業務的原因，就是希望培養客戶與銀行的長期夥伴關係，相互依賴而逐步壯大。他有長期發展的決心，研究與滿足客戶需求，跟客戶形成雙贏局面。目標與手段很清晰，值得參考與學習。但是對於私人銀行的發展，似乎不比其他銀行積極。我相信他是理解發展私人銀行的軟肋在於人的缺乏，不是一種人，是兩種人。第一種，有足夠經驗的客戶經理，懂這門業務，為客戶謀求最大回報。第二種，有足夠資金的客戶，又願意把資金交給客戶經理打理。兩者都不夠，可以説，基本上沒戲。

　　還有一個基本的問題，在於監管部門尚未允許銀行為客戶投資。如果只是為客戶購買回報較高的理財產品，那是玩玩理財而已，不是真正的私人銀行服務。同時，有錢在手的客戶會不會把錢交給銀行的客戶經理，讓他們去投資，就算沒有監管限制，我只能説一句：時機尚未成熟。

私人銀行尚待時機

對我來說，雖然曾經兩次出任私人銀行的主管，分別在美國與加拿大，但我對其中奧妙僅是一知半解而已。比如說，香港私人銀行的門檻設在 100 萬美金可投資資產，對客戶的風險系數知道就好，很少細心研究得以充分掌握。有次，碰巧到瑞士參加研討會，會上有 UBS 的總裁發言，提到如何找到合適的客戶，他們的原則是「貴精不貴多」。很有意思的介紹，先由衣着開始，襯衣、外套、大衣、皮鞋、嗜好、收藏、文化、教育、語言、興趣，一直用圖像顯示出來。一直沒有講到門檻是多少，或許根據他所説，客戶的身家就不言而喻。我覺得很有道理，我自己經歷過的挑戰，不在於客戶有多少可動用資金，而是如何滿足他們非金錢方面的要求。比如説，吃飯的時候，點一瓶怎樣的酒才合適？對方想去滑雪，今年哪個地方有新雪，上乘的酒店怎麼訂得上？沒有條件，光是靠嘴巴夠甜，很難鎖定目標。

所以，別見怪，我們還沒有到位，只停留在理財的水平。不過，把理財稱之為私人銀行也可以滿足客戶的虛榮心理，在目前來説，不失為沒辦法中的辦法。好像我們董事長曾經説過，就買兩架商務飛機，這裏飛，那裏飛，自然有富人上

門，哪怕沒生意？問題是這樣的富人有限，而且都有專人提供一對一的私人服務，輪不到我們。我曾經問過我們的股東董事，他們都是有錢人，可願意用我們的服務？加一句：我們會提供私人飛機點到點的服務，很方便。對方不約而同，笑笑，沒回答我的問題。

為客戶製造新穎感

還有一位年輕朋友，發跡甚早，在北京代理商務飛機與名牌跑車。我向他提出同樣問題，看他怎麼回答。有意思，他說他是有錢人，銀行都是沒錢的打工仔（包括行長），怎麼會知道他們有錢人怎麼生活？大家搭不上。除非銀行能找到富二代來開展這項業務，可是富二代並不懂賺錢呀！我還是沒死心，跑去問北京一位女士，算是首富。咱們做私人銀行可好？妳會用我們的服務嗎？她是一把年紀的人，做地產生意很成功。對我很客氣，她說：你要多少存款，開口就得了，別搞甚麼私人不私人的東西，瞎扯！

可是，我知道，我們的思維是「不到黃河心不死」，尤其上面發話要做，大家齊心協力，一定做成。我不敢說不對，硬件不難，我們不是有分行還弄出圖書館給高端客戶嗎？我們懂

花錢千真萬確。但是軟件怎麼辦？手上的客戶經理都是 30 歲不到的年輕人，要搞傳統的私人銀行沒得搞。我也不敢提出培訓計劃，一提出來，隨時安排一大幫人到瑞士考察，那就費時失事，搞出個「大頭佛」。話雖如此，私人銀行在不少商業銀行已經開動，有如雨後春筍，各自還有特別的名字來標誌其特別之處，比如説，有家大銀行就用「沃德」兩個字。第一步走對了，起碼製造好奇，讓人感到新穎。

內地銀行強調新穎，給客戶新鮮感很重要。是不是虛有其表，不重要。

工作體會　內地做生意，人人想先「吃螃蟹」，必然霸佔起跑線，出奇招不稀奇。

第 41 回　海外培訓，結果出乎意料

　　我在高層會議上總是有「意見」，指出能力不足之處，希望加強培訓力度。董事長終於表態支持，說我有見地，從速安排。有尚方寶劍在手，事情好辦。海外必然是英、美之間的挑選，美會比英稍勝一籌，在那個時候，美國是長距離外遊首選。但是美國有個問題，有東、西岸之分，以培訓來說，各有利弊，難以取捨。幸好，董事長指示中埋下伏筆，我們要去就去最好的學校，錢可不是問題。

　　我有點驚喜，沒想到海外留學靠董事長一句話就成事。安排不難，因為想參加的人多的是。我在洛杉磯工作過一段時間，認識一些學界的朋友，只要一個電話就能啟動這個培訓項目。洛杉磯有兩個選擇，一是南加州大學，另一是加州大學洛杉磯分校。我有兩個保留：第一，西岸上課結束後，要飛往東岸，變成培訓加旅遊，有點不妥。第二，西岸的學校名氣比不上東岸的響亮，未必是董事長所說的「最好」。

解決海外培訓安排

果然，我還在電話上跟對方溝通之際，發現辦公室也在聯繫學校，怎麼會弄出雙胞案？有點火，不過已經習慣，馬上忍住，看看是怎麼回事？原來有另一位班子領導，自告奮勇出來指路，要辦公室跟他的主意，正在跟沃頓商學院接頭。不錯，有積極性。馬上心平氣和，心想有人搞就好，不用自己費心。同時要理解，沃頓名氣響亮多了，而且在東岸，回程可以在西岸停留玩幾天，不是一箭雙鵰？

辦公室的同事腦子快，值得欽佩。很快就有消息，時間是三週，授課內容也排好，有宏觀經濟，也有微觀，加上美國政治、社會、金融、人文各類問題的分析報告，可以説內容豐富，連我自己都覺得吸引。翻譯、住宿、交通工具一併解決，唯一的問題是成本，以我看屬於天價。在滙豐銀行，這種預算絕對上不了議程，肯定被否決。財務總監過來跟我打招呼，咱們預算還有剩餘，就是想我批。剩下兩個問題（屬於不是問題的問題）：多少人去？挑誰去？她的回覆很有意思，這種事不用行長操心，班子會搞定。既然不用操心，那我又何必操心？雙手一攤説：你看着辦。

為課程大綱動怒

　　原來一樁大手筆的大事很簡單就解決掉，大家有心做事，「世上無難事」。後續工作還有不少，對方知道我是誰，可以英語交流，我變為聯絡人，開始操心。對方的授課大綱傳真過來，一看就知道「牛頭不對馬嘴」，學術氣味濃厚，很多模型與圖表，給博士生差不多。要求修改，怎麼改？對方出動大人物來跟我理論，我說我們買的不是「超市架上的商品」，我們付費要求量身定做，我很強硬要求按我們的意思修改。我跟這些老江湖交過手，總以為我們是「壽頭」，想砍我們一刀。那時候，我們對「老美」多少有敬畏之心，不敢硬碰。辦公室的人怕我壞事，連忙打圓場，差不多就可以。我心有不甘，他們總是說我們不懂行業規矩，其實他們看準我們會低聲下氣，給十塊錢拿五塊錢的東西，不是明吃虧嗎？怎麼說都不行。

　　問題在於我們起初沒說清楚，我們想要知道甚麼？而不是任由他們講甚麼。但是，我們也不想多花點心思去下「菜單」，廚房煮甚麼都沒問題，放上桌就吃下肚子。這種隨遇而安的態度不合時宜，我做行長結果還是發火，要對方把課程材料傳過來，讓我們衡量是不是合適？試想，一大幫人千里迢迢

來到美國三個星期，只是得到課本上那些死板的東西，不是有負眾望？有美國朋友告訴我，學校在那段時間已經放暑假，這種課程是某些老師的外快，把現成的教材講講課就交差了事。有可信度，我以前聽説過。沒多久，終於拍板定案，一班 48 人，到賓夕法尼亞州頂尖學府學習三個星期，是咱們銀行第一次集體遠行，意義重大。我沒去，等下一次。

　　海外培訓很難得，開拓視野總是好事。在內地銀行業得到不少美言，是羨慕也是嫉妒。

工作體會 去哪海外培訓，要有心理準備，開眼界才是硬道理，學習是幌子。

第 42 回　善待員工，以人為本總不會錯

　　海外培訓還有下文，第三天就起波瀾。學校找我，聽説很急。連忙回電，看是為何？原來出現了想像不到的情況，全體搞失蹤，沒人上課。全體失蹤好過個人失蹤，肯定不是被人綁架。全體行動，必然是鬧意見，鬧意見是可以解決的問題。這樣推論，心寬很多。

　　叫辦公室找咱們的領隊，這種事情我不宜直接出馬，等下面的人摸摸底，再由我調停更有效。原來是伙食不對胃口，真的？不是説好，中午吃西餐，晚上上中國館子吃中餐，怎麼會不對胃口？而且只過了兩天而已，這麼快有強烈意見？肯定是不成立的藉口。

體現以人為本精神

　　我在想，還有兩個可能的原因。第一，老師的東西沒勁，照書直説，沒味道。咱們在北京聽慣相聲，笑聲不斷，聽老外講課，費勁很不爽。第二，翻譯不像樣，零零散散拼不攏，聽起來費神也不爽。我叫辦公室再去問問，是否給我猜

中。兩樣都不是。原來每個學員在美國都有親朋好友,都趕過來見面。人情重於學業,所以向領隊申請告退,全部獲批。連領隊也有同樣需求,有人相約,人情難卻,宣告倦勤。這種事情不是沒聽過,只是沒想到會發生在自己身上。只好硬着頭皮跟學校請假,這星期就暫停,下週一繼續。課程稍作修改便可。聽說,不少人都關了手機,北京來電不接,各自忙自己的事去也。

董事長正好經過,趕緊「報案」。他笑笑說:他們難得去美國,讓他們開開眼界,好事呀。學習將來總有機會。完全不當一回事,讓我好生佩服。我們經常掛在嘴邊的「以人為本」,大概就是這個意思。用我們的俗語,可能就是「放人一馬」,不計較別人的過失。這可是需要深度修養。這樣看來,董事長的修養絕對值得學習,難怪他受人歡迎。我們平時養成習慣,經常去找別人的過失,以便責怪別人,很少人有容人的量度。這一點很重要,我從香港地區來,我們重視制度,維護制度,誰干預制度誰就要得到制裁,賞罰分明。但是,國內是靠人力來爭取成績,靠辦法多過靠方法,所以對人的重視比對制度更重要。「得饒人處且饒人」是很高深的學問,值得學習。

學會寧靜致遠之道

在內地做領導跟香港地區不一樣。我觀察所見，這裏被稱為優秀的領導，就是有辦法幫下屬擺平矛盾。人家來請「幫個忙」，而好的領導真的能幫上忙，幫人「消災解厄」。這是許多年前開始，大家奉行的不成文規矩。「領導」兩個字中，領沒意思，導也沒意思。領導反而有種「看管」的意味，英語叫custodian。一幫人交給領導，在領導的看管下，平穩運行，這才是好領導。如果時刻想要改革，或改變、改良、改進、改動，都不是可靠的領導，反而這人帶有潛在的風險，寧棄勿取。

這些想法是我個人觀察所見，不一定正確。不過，大家想一想我們固有的思維：以靜制動；一動不如一靜；心靜自然涼；寧靜致遠等，都是強調「靜」這個字。相反，蠢蠢欲動，就是用蠢這個字來形容動的結果。老外也有類似的說法：「不要去麻煩麻煩，直到麻煩來麻煩你」，都是藏有同樣的意義。

海外培訓的事到此為止，我也不再打聽那邊的同事下一步怎麼走，也沒人再來煩我。我心中有數，肯定有第二期培訓，何必煩心，照辦煮碗便可，謹記「寧靜致遠」就好。

一個月後，培訓團隊回到北京，好熱鬧。等不住開檢討會，甚麼好，甚麼不好，大家踴躍發言。我讓團隊領隊主持，我說我來旁聽。課程明顯濃縮，觀察事項增加（倒沒提到觀光事項）。住宿、伙食一般，算是可以接受。老師和藹可親，有問必答。總結一句話，物有所值。從速辦理第二團，因為天氣開始涼，到了冬天感覺打折扣。這次活動創先河，其他銀行聽到我們豐盛的收穫很不是味道，想學卻學不來，只能苦澀的來一句：民生不一樣。美國那邊很客氣，來電郵表揚培訓班敬業精神。不過最後一段補一句：下期請早，早鳥優惠不在話下。

對我來說，也是培訓。學會用不同視角看世界，不講對錯，樣樣都美好。

工作體會 謹記學無止境的真諦，一次不行，就等下一次，總有一天學成歸來。

第 43 回　**家長式管理，可能更有效**

　　西方管理理念總是對家長式管理有意見。企業最頂層那位就是家長，他一個人說了算，等於一個「獨裁者」統治企業，有礙意見交流，難以孕育創意，甚至漠視潛在危機，絕對不值得推廣。我在大學讀商業管理，出來工作之後，一直相信西方管理模式，對於領導、管理等理念很熟悉，經常在自己管轄範圍內推而廣之。自己身先士卒，樹立良好典範，在行內薄有名氣。甚至經常被邀出席研討會，對管理辦法給意見；不時有機會在大學講課，傳授自己的管理經驗。

　　到了民生，第一次親身體驗家長式管理。我這麼說，無意詆毀這家業績非常亮麗的銀行，只是有感而發，原來另外一種模式也有成功機會。以前沒經歷過，只是一知半解，但是已經接受西方管理模式的我，無法接受管理這門學問也有「條條大路通羅馬」的道理。銀監會把我引進民生銀行，其中最重要的原因就是希望我引進西方管理理念。如今發現，本地的家長式管理模式更有效，實在有點諷刺。

在任期間與國家經濟學家成思危會面。

家長式管理模式

　　首先，我要解釋甚麼是我眼中的家長式管理模式。最簡單的說法，就是一個人說了算。他做決定，別人照跟。但是一定有人會說：不可能。難道事無大小都是如此？這種懷疑很正常，的確不可能。我們先要了解，大家庭中有家長，必然有小家長，下面還有小小家長，一層層的跟西方管理模式一樣。舉例說明，我們的信用卡是一個比較獨立的部門，上面有位總經理負責，是位「小家長」，因為再往上就是分管行長，再上去就是當家家長。有關信用卡的問題應該在這位總經理層面就能解決，最多往上請示。但是一般情況下，這位總經理對某些事情有「不安」的感覺，就會往上請示，經常會越過分管行

179

長,直接向當家家長請示,比西方的模式快一步。他得到批示後,才告訴分管行長當家家長已批,可以開動。等於說,把決定權向上推,而不是西方管理理念的「放權」,那是向下的。向下放權有兩個目的:加快決策,增加效率。其次是讓下屬多接觸難度較高的問題,增強能力與經驗。

向上的決策流程

內地的決策過程是向上走的,必要條件是最頂層那位家長須拿捏分寸,衡量他的決定在財務、政治、人脈方面最大的「輸面」,輸面就是英語的 downside。大家要理解,這位頂層家長是企業的「法人」,等同終極負責人,隨時有刑責。這也解釋了為何這位家長願意做決定,因為責大而權不足,隨時吃虧不起。如果學習西方管理模式,向下放權,可是自己是終極負責人,豈不是權責不符?不公平。難怪我經常看見我們的「小家長」往董事長那邊跑,問他們到底為了甚麼?一般的回覆都差不多,有事要跟董事長「匯報」。在這種情況下,匯報就是「請示」,或許徵求同意,又或許是不反對意見。一般當家不會推辭,來幾個「好、好、好」,就是不反對。也有例外,當家若果說:問問行長就好。表示這不是大事,下放權力沒問題。也表示這位總經理沒有拿捏準確,把小事都弄上去,結果被打回頭。

　　除了這些請示的情況，還有上台講話也類似。規矩是老大先説，老二接着説，兩個人基本上一致。我沒看過老大跟老二説的話有出入，所以信息傳遞很快捷、有效。我們銀行有「過人之處」，因為不是每趟都是老大先説，有時候董事長會叫我先説。要注意，這是「關鍵時刻」，不知道老大想説甚麼，比如説，是「抓大放小」還是「抓大不放小」？只有一半機會猜中，而且沒有機會事前摸摸底，所以先講絕對不是優勢。不過我在民生的經歷尚算不錯，很少掉進坑裏，一直謹記走路要走坑邊就安全。習慣了當家家長的脾氣，我知道他想我做「哨兵」，在前面指路。這不難，銀行業務我熟悉，該走哪條路我很清楚。這段日子大家在一起，我理解這裏的遊戲規則，不越位，進球才算。

　　沒來過內地工作的人，總是自以為是，別人不成氣候。來過才知道，誰才是井底蛙。

工作體會　西方管理不一定好過咱們的家長式管理，無法比高下，有效就好。

第 44 回　強調員工福利，但不搞大花筒

　　家長式管理模式多數強調員工福利，這句話在民生一點沒錯。要注意，我說的是「強調」，就是說「要給的，多給一點」。不搞大花筒就是說「該花就花」，不亂來。我在內地跑了20多年，亂花錢的故事聽過不少，有的真是亂來，當事人腦子不好使，搞出事活該。福利是福利，待遇是待遇，兩者不一樣。福利是給員工一些「好處」，但不是金錢。這好處不一定是實物，有時候是優惠，不涉及實物。待遇大致上是工資加上獎金，基本上是金錢。

員工福利不可忽略

　　我當年出掌外資銀行的時候，處理員工福利非常審慎。一是怕踩到監管部門的紅線，惹麻煩。二是怕給總部批評，「將在外」就瞎搞。但是礙於無奈，有幾次我就自己做主，為給員工提供某些說得過去的福利。比如說，有年冬天出差上海，難得下雪，可是看到我們的司機與外勤依舊穿上一年四季都「合用」的外套，冷得要命，瑟瑟發抖。看不過眼，叫人馬

上去第一百貨公司挑了一件厚外套，大家跟着去按照自己的尺碼配一件，錢由銀行付。當時的問題有幾方面：第一，有問題，不敢跟地方老大講。老大很少主動出擊，等於沒人管。第二，花錢就不是好事，總部一定會說話，惹事上身，何必？其實，總部對於員工福利還是蠻重視的，不是一般人想像那樣刻薄。

外資的問題是沒人管，做總務部老總的一般是本地人，總覺得自己為員工提要求，會給上級不良印象，悶聲不響最好。上級只是關注業務發展，員工不鬧事就好，福利不是重點。在外國，福利往往是麻煩的燃點，在國內，員工往往吞聲忍氣，不會為福利爭持不下，所以諸位領導對於福利得過且過。

記得有一次，我在北京過中秋，早一兩天問起月餅，大家吃過香港的白蓮蓉月餅嗎？都說沒有。有預算每人送盒港式月餅回家等家人嚐嚐？總務部說有，好呀，那去買呀。發文告訴其他分行也一樣，一人一盒。其實是小事，但是往往不受重視，忽略了福利的重要性。員工不會把月餅看成大恩大德，但是會覺得是一種心意，上級祝願大家花好月圓，共度佳節。

福利可增加忠誠度

民生有專人負責員工福利，過年過節免不了各種「心意」，中秋有月餅（兩盒），端午有糉子，我有特別待遇，因為只有一個人在北京，冬至還有餃子給我送上門（我們大樓後面有家百餃店，真的有 100 種餃子，不可思議）。都是小事情，但是我是很欣賞總務部那種心思，在節日期間大家平等，高低層一併過節，歡樂氣氛濃厚。

不僅是實物，還有其他優惠安排。比如說，給員工家中老人用的贈券，到我們的民生之家來做按摩免費。我們有自己的會所，招待員工與家屬，公餘來休息。還有百貨公司的購物優惠卡，不必等促銷。林林總總，反映出家庭氣氛，讓人覺得在銀行能夠「修身、齊家」，自然激發對銀行的忠誠度，做事加倍用心。

以福利來說，民生值得學習的地方還有兩方面：第一，深明「不患寡，而患不均」的道理，福利不按級別，按人頭分配。其次，不會大花筒，不花冤枉錢。明白吃下肚子最實在，不會為了名氣而走高調，划不來的事不幹。所以行內都說咱們「會」花錢，花得精明的意思。總體來說，員工福利很到

位。難怪我們的流失率不是問題，反而工齡長是特色。

　　遇上行家，總會聽到別人誇獎我們員工拼搏。福利好，考慮周到，不是無因。

工作
體會
　　員工福利雖然只有象徵意義，但是不能缺，代表一份心意，大家歡喜最重要。

第45回 跟隨、跟從、跟班免不了，但是不要盲從

　　家長式管理模式有效，決定可以很快，效率自然高。但是有一個潛在問題，把下級員工統一化，家長說甚麼，就做甚麼，沒意見。到了該有意見的時候，一樣沒意見。企業（或銀行）的創造力被嚴重削弱，影響日後的發展。有一個現象不是每個人都看得出，就是人員明顯分兩類：一類是年紀較大，忠誠度很高，一般 20 年以上年資。另一類是年紀較輕，忠誠度不足，產生高度流動性，一般是 20 來歲的人。等於說，這企業或銀行分年長與年幼兩類人。用一個有趣的形象來解說，就像一個人上身不動而下身不停扭動，結果站不穩。我猜年長的人之中有不少家長的跟隨者，很可能跟隨了 20 年，對家長有感情，反之亦然。

跟隨者與跟從者

　　記得有次出訪一家分行，行長出了點事要行的領導問話。他是直認不諱，結束前補了一句，我「跟隨」誰這麼多年，他一定會「照顧」我的。「跟隨」在中國內地（香港地區也

一樣）好像是一面「免死金牌」，説到底會有人照顧的，説起來有點有恃無恐。我沒説對與錯，當時我的責任是來問話，知道清楚就好。但是心裏有點鬱悶，這是不容易改變的國情。在香港地區我也聽過「我是跟誰搵食的」，別人要「識做」才行。不算是拋浪頭，最多算「搋朵」。跟隨某人多年，更像有護身符在身，算是無形資產。

另一類人，很像跟隨那一類，只不過程度上有點差距，可以稱為「跟從者」，人數遠比跟隨者為多。兩者之間最大的區別在於跟隨者對於領導所思、所言、所行有廣泛的了解與深度的信任，而跟從者一般沒有主見，只跟着身邊的人行動。很有可能對領導的思維不甚了解，他們相信相聚在一起就有力量，所以跟從者很多。由於喜歡起哄，讓外人覺得他們人多勢眾，容易招募新的跟從者。

跟班與盲從者

跟班是另類人，數目不多，比跟隨者高一班，更接近領導，隨時在領導身邊（或後邊）出現，有時候還是領導的代言人，假借領導之名發號施令。看中國歷史，隨時可發現這類人廣泛存在。雖然如此，一般人不願意做跟班，因為受人

鄙視。這類人的特色是容忍度特高，可以接受外人的冷言冷語，不為所動。好處是經濟回報較高，得到的「好處」遠比其他人高，所以有一定的吸引力。要注意，並非一般人可以順利成為跟班，領導有各類不同的要求，難以捉摸。這類人的流失率也因此較高。

第四類的人物的出現，主要因為信息不對稱，意思說該知道的事情不知道，信息落後。別人說甚麼就當真，自己的思維與行動很被動，無法辨別真假是非，只能隨波逐流，漂到哪裏無所謂。以前內地有不少這樣的人，如今因為信息量大增，尤其來自網絡，雖然有真有假，但是在人面前的信息足夠作出合理的判斷，毋須跟從別人的行徑。香港的情況，恕我直言，似乎反其道而行，盲從的人越來越多，社會變成不可理喻。

我在民生的觀察來看，盲從者不多，反而我覺得大家都有看法，未必統一則是事實。作為領導者，重要的任務就是要統一思想。首先在領導班子，接下去是分行行長與總行總經理，不同階級的人馬對於銀行發展目標與長短期業務偏好必須一致，千萬不要說一套、做一套。鼓勵員工發表意見，集思廣益。好像民主生活會就是一個很好的平台，有話直說，有意見

就容易作出改革，力求進步。我來到民生一段時間，我有看法，也願意分享。員工對我的想法逐步接受，起碼認為我並無惡意，開始有「跟從者」，願意踏上改善、改革之路。

不敢說自己是來播種，種子已在泥土裏。希望適當澆水，添加肥料，早日收成。

工作體會　家長式管理會培養許多跟班，做事不用腦袋，只會跟風。只要不做壞事，也無所謂。

第 46 回　海南島開董事會，雙重目的

　　開過幾次董事會，覺得有點平淡。各位董事把議題「過一下」，舉手同意就完事，很少有意見不合、導致爭拗的場面。基本上是「有事稟報，無事退朝」那種格局。20 位董事意見一致不容易，稍有不同看法（並非不同意見）的董事，是來自新加坡的投資者。其他有兩、三位平素見報頻密的股東董事也甚少發言，大家和和氣氣。大概是因為民生銀行的業績亮麗，作為股東或董事，應該不會有不滿。

　　董事會有特色，每次都會挑選到不同地方開會。內地地大物博，選擇可以多元化。不像香港地區，只能在中環商業區開大型會議，最多去灣仔會展中心，比起內地就有點吃虧。雖然有不少大公司最近幾年選擇到內地大城市開董事會，但也是局限在北京、上海等地。這次民生銀行的董事會選在海南島三亞希爾頓酒店，歡迎攜眷參加遊覽項目。對北方人來說，可是大好消息，因為他們一般旅遊的目的地在北京附近，很少來南方，尤其是海南島。

開董事會變相旅遊

在海南島三亞開董事會，我算是「跟從者」，到一個旅遊勝地總好過到「煤都」、「霧都」；三亞空氣清新，景色怡人，人人認同是渡假好地方，開完會還可以旅遊。這種安排令人振奮，難怪辦公室同仁把它作為年中大事，訂機票、酒店、路面交通等事項即刻展開。更要緊的是訂下日子，這可是一門學問，不是一般人可以想像得到。

董事會明明是一個小時的事情，但是旅遊就不止。既然千里迢迢而來，當然要盡興而回。三亞有許多馳名的景點，要玩得徹底，起碼三、四天。怎麼辦呢？原來不難。有高人想出絕世奇招：星期三開會，星期一、二兩天內報到；開完會，星期四、五自選歸程安排。一下子一天會議拉長到五天。還不止，若果尚有遊興，可以拖到星期日才走，變成七天遊。這種安排，令人滿意。酒店方面，不用擔心費用，老闆知道是咱們銀行，一早就說好要給特別待遇，吃喝住宿擔保五星款待。所以說，內地辦事，沒有做不到，只有想不到。

我以前來過考察，說來慚愧，來去匆匆，目的想選址開分行。行程簡單，機場到商場，商場到機場，一句話總結：不適合外資銀行，生意單薄，輸面高於贏面。當年如此思考：工作就是工作，不作他想。現在回頭想，這種只顧工作、其他

不問的工作方式對嗎？到了三亞，竟然當天來回，對着民生同事，如何開口解釋這種自我「摳門」的行為？自我摳門就是節約，接近自虐的程度。他們肯定會説：你這人真的是白活了。可惜當年的我還把這種安排看成英雄事跡，如今後悔也來不及。

隱藏的保佑

説自己是英雄，因為完全符合「能者多勞」的標準。但是英雄何價？説得難聽，只是機器人而已。只會把工作做完、做好，沒有感受。來到民生，見識完全不同的思維與行為方式，生活的多元化讓我對人生的看法有很大的改變。説是要我帶來西方管理理念，其實應該是我們在外邊的人有必要重新認識中國內地，有許多的誤解，迫切需要開解。我覺得自己來到這個地方，是一種上天賜給我的「隱藏的保佑」，英語叫blessing in disguise。我要珍惜機會去體會這個難得的機會。

事情總有兩面，只看一面是片面，不接受兩面是偏執。看到兩面才有機會看得懂。

工作體會　董事一般是董事長請來表示附和意見，別無他用，受禮遇很正常。

第 47 回　事業部是制度創新，反映魄力

有一天，董事長把我跟洪行長一起叫去他辦公室，說要商量一件大事。我們馬上驅車趕到，原來還有一位董事，他的正職是在北京某大學當政治學教授，在行內有點名氣。人齊，馬上進入正題，證明我們到之前，已經談得差不多，要我們過來只是「執漏」，看看還有沒有缺口。董事長的想法是建立一個簇新的制度，各業務條線獨立經營，有自己的資產負債表，自負盈虧。比如說，對公業務就是一個獨立部門，有總經理、副總經理。最特別是有獨立的人力資源、財務總監、市場推廣、業務策略，儼然是一家小銀行。零售業務也一樣，有另一套人馬，又是一家小銀行。還有其他部門，照辦煮碗。一下子，民生變為許多小銀行，目的就是更為專業，競爭性更強，潛台詞就是可以賺更多錢。

制度改革有利有弊

我是有保留的支持，因為有幾句「寄語」，也是我的潛台詞：成本控制要抓緊，後台獨立運營雙重人力；聘用專業人士要審慎，市面不少待聘，名不符實；監控要歸中央管轄，不

要把球員跟裁判混在一起。有銀行試過，未見其利，先見其弊。我知道，花旗、滙豐已開動，其他也是密鑼緊鼓在做調研。當時我在上海，滙豐開動「事業部」的制度，其實是把各部門「功能化」或「線條化」，把銀行拆散為不同功能的銀行，各自負責自身的成本與利潤。反而，地方老大沒有職權，只是做門面的代表人，出席各種外交場合。比如說，中國的零售業務總經理向亞太地區負責零售的頭目匯報，後者再向倫敦總部負責全球零售業務的老大匯報。有好處，大家只管一門業務，其他不管。壞處也有，成本高，人才短期內薄弱，有待加強。做總裁的人就沒勁，因為業務單位全部歸中央管控，甚至中後台一樣隸屬中央，自己變為廟裏管不了金剛的菩薩。

這些都是陳年往事，大家不會有興趣，因為事到如今，如箭在弦，放不下來。洪行長將是項目總負責人，他本來是分管對公業務的舵手，如今有另一位總經理接手，接管對公業務，難道沒有任何感受？看不出來。原來這位教授早已跟董事長談妥，現在是通知我們二人而已。要走這條路，大家就一起走，不能三心二意。下一步就是發通告，告知全行。這是近年來的大事，雖然不少人不知道細節，升級機會多了，而且說是會增加盈利，大家都認為是好事，期待早日實現。

業務分拆適合民生

其他友行收到風，也很關注。一來增加利潤，二來更多升級機會，明顯雀躍，想過來學法。一下子我們在行業內獨佔鰲頭，威風八面。我心裏明白，任何改變都是有利有弊，尤其我們說是制度創新，真夠魄力。也有大型銀行不為所動，可以理解；要改制度，非同小可。反而股份制銀行興趣較大，因為表面上的確吸引。但是有些問題馬上浮現，以對公貸款為例，誰是終審單位，如果是部門總經理，就有角色衝突，即要負責營銷，又要審批貸款，變成球員跟裁判同一人。以滙豐銀行的做法是把審批剝離，交回總部獨立處理，就不會產生角色衝突。如果細看，必然還有其他有待解決的問題。不過大夥的感覺一樣，走一步，是一步。

遠在滙豐銀行推出這項改革之際，我頗有意見，曾經在內部會議上表示，以前我們把公司業務叫 corporate banking，現在簡化為 corporate bank，是一家專做公司業務的銀行。一家大銀行變成很多單獨的銀行，各自為政，不是埋藏了經營銀行中最危險的「分裂」風險？英語叫 disintegration risk。可是人微言輕，沒人重視。過幾年後，就發現有些問題無法解決，比如說，一個公司戶口，由對公銀行負責，但是這

家公司總裁的個人戶口由誰負責？很容易造成跨部門難以協調的現象，反而不美。當然我理解，滙豐可能太大，對於這種業務分拆的制度未必合適，民生的規模或許更適合。

實施後，第一個反應來自班子會議，沒甚麼好議。大家都有點失落。

工作
體會　事業部的核心價值在於「甭管我」，當事人可以自把自為，自然受歡迎。

第 48 回 「走出去」買銀行，考眼光

　　講到「走出去」，大家都會很雀躍。上次走出去到美國沃頓培訓，各自有不同的收穫。總之，讓其他人甚為羨慕，各自積極打關係，為了下一期課程，想辦法先排隊再說。有人還過來跟我打招呼，說自己如何需要培訓。我只能說：理解理解，不能多說，否則變為默許。從銀行角度，一直想走出去，第一選擇，也是唯一的選擇是美國，去幹嘛？買家銀行擴大版圖。有嗎？多的是。記得我幾年前還在美國洛杉磯工作之際，滙豐就要我去挑家好的銀行。挑的意思就是說有不少選擇，不是沒得挑，有 20 多家位於西岸的華資銀行可挑，而且都有意思出讓股權，價錢也合理，一兩個億美元左右。

　　我們的領導腦子快，動作也快。一聽到上層有意思放開商業銀行走出去，馬上找對象。當然不會忘記我過去在滙豐銀行的經驗。老王（逐漸成為我的名字。這個稱呼比「王行長」親切，證明我的公關手段不錯）去研究一下，看看有甚麼好東西，講話的語氣像是叫我上市場買菜那樣。沒想到，我的動作還是不夠快。過兩天有位美國訪客，據說是某銀行的總裁，手上持有一家三藩市銀行的股份。他走過我辦公室門口，直奔董

事長那邊。一看，此人我認得，香港移民過來的老華僑。我在美國洛杉磯工作，經常跑三藩市。當地華人商圈不大，在某些場合彼此經常碰上，關係不僅是寒暄兩句而已。可是，他忽然間看見我好像不認識我，讓我納悶。莫非不方便說話？還是不想別人知道我倆以前已認識？

火速拍板收購海外銀行

我們的動作夠快，此人一走，就聽說洪行長跟一位董事會訪問這家銀行，來一個「盡職調查」。下星期一出發，星期三回，一切順利就開董事會拍板。兵貴神速，這種決策過程不是外資銀行可以想像。到了董事會，果然順利通過，唯一投棄權票的是新加坡投資人，有點像「不信任票」。私底下說的理由是調查報告太簡單，難窺究竟。我給出一些意見，要求派員前往深度調研，因為我們對於對方的業務所知有限。我的理解是這家銀行業務集中在貿易融資，對公業務盤子不大，零售以房貸為主。其他指標過得去，不會讓人皺眉頭，有點利潤應付股東還可以。

老實說，我在美國滙豐工作的首要任務就是要擴張，最好，也是最快，就是收購一家本地銀行。有 20 多家銀行可以

考慮，有的太大，吃不下；有的太小，不成氣候。剩下三、四家可以探討，結果還是作罷，因為跟滙豐文化差異太大，難以駕馭。對我來說，這也是很有用的經驗，讓我摸出一條道理：天下烏鴉不一定是黑的。地方性銀行各有特色，獲得客戶的手段不一樣，信貸審批更不用講，風格各異。當作財務投資可以，經常審視財務報表就好；當作戰略投資，希望人家再造流程，要把別人的網絡融入自己版圖，按照自己的規矩辦事，不僅是「煩」而且是「惱」，加起來就是煩惱！我當年的建議就是：以不變應萬變。靠收購，賺的是蠅頭小利，但是輸錢，就難以預料。還是走滙豐老路，有機增長更為靠譜。

首家「走出去」的股份制銀行

收購成功！我們是第一家股份制銀行成功「走出去」，買了這家美國聯合銀行，人人豎起大拇指讚好。我們派了人過去做董事，算是放哨。沒多久，在北京舉辦慶祝大會，各路人馬到齊，值得高興。原本認識我的那位總裁，還是繼續不認得我。我主動過去打招呼，此人依然不為所動，讓我費解。這時候，我在美國的老同事卻給了我一些信息，要我多關注，審慎為要。一時間冷暖流同時攻上心頭，讓我很糾結。

算是大事一樁,順利完成。接下去,談論這事的人不多,我的看法是「沒消息就是好消息」。但是我說過,在北京做事,沒消息不一定是好消息,因為我們喜歡聽報告,有消息才是好消息,沒消息反而不妙。結果怎樣,大家或許都還記得,不是一個美滿的結果。沒人再提,我也不想提,或許說:買個教訓,將來有用。那位總裁聽說還在三藩市,沒再遇上了。

經一事,長一智。做買賣,有賺有虧很正常。輸錢卻賺了面子,或許更重要。

工作體會　銀行向外發展總是力不從心,如同「隔山買牛」,一般沒有好結果。

第 49 回　國內信用卡興衰，一彈指間

　　任何專家講中國金融業發展，很少會提到信用卡，好像它從來沒有激動人心的一刻，就不用提。確實是這樣，信用卡出現的時候，它的長兄「借記卡」已經盛行，沒有讓信用卡產生驚天動地的影響，好像是借記卡多了一個小兄弟而已。借記卡三個字那個「借」字，應該來自會計原則所指的「借方」，是英語 debit 的同義詞，有扣錢的意思。借記卡功能上可以說是「扣錢卡」，卡裏原來有 3,000 元，買東西給商店扣去 500 元，是拿來扣錢的意思。卡裏的錢不夠多，可以在銀行轉錢到卡上。說到卡不夠錢，就是說明借記卡的特徵，不能超額，有錢就用；沒錢，對不起，快去轉錢進來。借記卡很快跟「發工資」捆綁在一起，省免用戶把工資由銀行賬戶轉到借記卡，僱主就直接把工資打到借記卡上，一舉兩得。銀行卡用途被借記卡取代，兩者之間已經沒有區別，銀行卡功能上就是借記卡，借記卡的正式名稱是銀行卡。

由借記卡到信用卡

如果僱員人手一張卡，中國內地的借記卡可以億為單位，四、五億張卡不稀奇。由於沒有透支功能，銀行引進信用卡（應該是舶來品）順理成章。對某些喜歡花錢的人來說，額度不夠的確不爽，開始對信用卡產生興趣。不僅是方便，還有天大的面子，銀行無抵押給信用卡，很爽。於是身上有了兩張卡，一是借記卡，二是信用卡。對銀行來說，信用卡可以收年費，透支不還清還可以收利息，利潤比借記卡好得多。銀行嚐到甜頭就開始大力推廣信用卡。這大概是 20 多年前的事情，中國內地的銀行開始重視信用卡。

記得我在 1994 年開始我的新工作，為滙豐開展中國業務。我的頂頭上司要一年內在內地分行推出信用卡，還好沒說如果做不成，人頭落地，否則早作古人。當年外資銀行雖然不能發信用卡，但是可以代替商戶去外地發卡行收錢，賺多少手續費，算是一門生意（來華旅客刷卡後，單據要經過銀行交回發卡行收回賬款，例如 VISA，工作瑣碎而繁複）。就是因為可以賺的錢不多，本地銀行沒興趣，把這種芝麻綠豆的生意讓出來，外資才有機會在地下撿些芝麻綠豆來糊口。那時候，外資銀行一直希望能夠發卡，起碼可以賺利息。可是監管機構認為

有不可控的風險，一直沒放開。

過去十多年，信用卡在內地開始流行，本地銀行認為信用卡有利可圖，每年收年費，賬款可以不用全部還，最多付利息。用戶逐漸接受信用卡在購物時，可以代替借記卡或現金，很方便。到下個月月底才需還清賬款，划得來。而且，信用卡發卡銀行也會跟商戶合作給用戶各種類優惠，雖然是小恩小惠小便宜，但比借記卡好得多。本地銀行開始推廣信用卡，吸引年輕族羣廣泛使用，身有幾張信用卡才能顯出威風。這時候，信用卡明顯從後趕上來，借記卡不再受重視，雖然工資依然打進卡裏。

見證信用卡最紅火的時代

當時信用卡的確紅透半邊天，本地銀行比外資銀行先吃「螃蟹」，大量發行信用卡，而且都給了好聽的名字，XX 卡，YY 卡。記得我有次訪問民生信用卡中心，當時已經轉型為事業部，相對獨立，經常有推廣活動。看見「收件部」裏面有十來個年輕同事把郵局剛送來的五、六個布袋打開，全是信用卡申請書，嚇了一跳，有這麼多？總經理說這是每天的指定動作，一天大約收到五、六千份申請。他補一句，批准率約九

成，只要有工資證明就可以，最高額度是月薪三倍。我一直在搖頭，表示不可思議。一個月 20 個工作天之後，就會有十萬張新卡面世。我問了一個不容易回答的問題：行業標準多長時間才會受益與成本持平？原來是 300 萬張卡。當時聽説最厲害的同業已經發出超過 4,000 萬張卡。我想，我運氣好，讓我趕上信用卡最威猛的日子。

好景不常，最近幾年由於新科技的出現，支付系統產生革命性改變。原來可以把錢存在手機，然後利用手機支付各類消費。嚴格來説，是電子化借記卡，「存在」於手機上而已。很方便，現金不再受歡迎，甚至信用卡也開始走下坡。有段日子，信用卡的不良率快速攀升，不再是寵兒，現在甚至被某些銀行打入冷宮。

多年後，滙豐終於收到批文，開始發行信用卡。走來一路蹣跚，但遲來好過永遠不來。

工作體會　信用卡「遲到早退」時運不濟遇上手機支付，必然敗走麥城，天意難改。

第 50 回　事業部第一步，組建金融控股

　　董事長的視野廣闊，開發事業部讓行家刮目相看；看得出來，他帶領團隊朝向遠大目標，準備踏出第二步。老實說，對於事業部，我總是有種不安的感覺，一直揮之不去。一個問題不停在腦中打轉：我們的人馬是否已經成熟，能夠獨當一面獨立運營？尤其是信貸審批這個重要的功能留在事業部，老總橫跨兩種可能對立的角色，一是營銷，二是審批，隨時會有不同意見。這位老總如何拿捏矛盾，作出準確判斷，不容易。而且他的判斷如何配合總部的方針，也是讓我擔心的地方。

內地銀行着重進攻

　　我不敢説這種做法，反映出內地流行的思維方式：摸着石頭過河，走一步算一步。一方面，我心底是佩服這種大膽的嘗試，不試過怎麼知道行不通？另一方面，我的擔心來自銀行事前缺乏「利弊」的分析。銀行工作最具挑戰的地方在於不能出錯，錯誤很可能造成全盤皆輸。所以，海外銀行的高層人士總是關注防範風險，而不像內地那樣強調做大做強。前者注重

守，而後者注重攻，很不一樣的思考模式。我在防守特強的銀行工作多年，自然傾向防範風險，認為改變前需要深思熟慮，否則有保留。

當然結果如何，要用數字講話。能增加收入，説明改變有效，希望持之以恆。反之，發現有不良徵兆，必須立即修正。可是，在實施後的一兩個季度看不出來，利潤增長是否跟改變有關。而且不良貸款的浮現有滯後現象，一般需要一年半載，無法只用眼前的數字來評論其有效性。我懂得這個道理，不會公開發表我的意見。既然開動，就團結一致把事情做好。平時，眼看四面，耳聽八方，如有不妥，早點發現為要。

另外有件事情讓我感覺不好，也是國內做事的習慣，做事開了頭就算成功的一半，事後跟蹤不到位。事後跟蹤用英語講就是 follow through。有如打高爾夫球，球桿擊中球，還需要把動作做完，延續才有效果。我們的同事一般性急，事情一開動就滿意了，輪到下一項。上一項開動後的跟進不在意，如同小孩子總是急迫想玩新玩具，舊的玩具放一旁，很少再玩下去。

做事必須有始有終，正如打高爾夫球，擊出球之後還需把動作做完才有效果。

董事長的鴻圖大計

沒多久，董事長有嶄新的想法，把我叫去，這次只有我一個人。關上門，聲音很輕，提出組建金融控股的概念。先來一句恭維我的話：這事情你在外國看得多，駕輕就熟。甚麼？金融控股？我想，這是一個集團概念，設置一個「大籃子」，把銀行以及銀行本業以外的金融業務併在一起，形成金融控股。比如說：一般租賃、飛機租賃、保險、福費庭（forfeiting）全部放在一個籃子裏，形成一家金融機構，核心是銀行，其餘的單位如同衛星，圍着銀行轉。等於說，銀行自身成為一個超大事業部，帶領其他事業部，就可以成立一家金

融控股公司。他在我耳邊輕聲講：做成這事，我倆可以光宗耀祖，在銀行界大放異彩。你看，咱們怎麼走？

他的話很給我面子，認為我靠譜，可以辦成這件事。我說，這事不難，要有人才與資金。監管部門那邊靠您協調，那就是成功的一半。董事長摸摸下巴，大概認為我說得有道理。或許這就是國情，沒有做不到，只有想不到。抱着又驚又喜的心情，離開董事長辦公室。他的魄力，無人可及。回到辦公室，看見洪行長與另外兩位副行長在辦公室圍在一起談話，神情愉悦，莫非已經知道我們未來的鴻圖大計？果然，大家還一同推我做大旗手。我笑笑說，舞動大旗沒關係，辦事還是要靠大家努力。

領導有想法，銀行才會有進步。來民生兩年不到，閱歷豐富很多，十分難得。

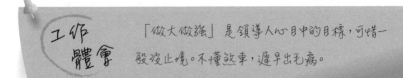

工作體會　「做大做強」是領導人心目中的目標，可惜一般沒止境。不懂效率，遲早出毛病。

第六章

逐漸懂得竅門，
不難卻也不容易

第 51 回　酒精文化改不了，確實有用

民生銀行的酒精文化遠近馳名，就是說我們喝的厲害，尤其跟客戶喝得特別痛快，談生意很容易水到渠成。說我們厲害，不一定是褒義，多少帶有貶義：你們靠喝酒搶生意，不光彩。但是，做生意，就像一首老歌《採檳榔》其中一句：「誰先爬上誰先嚐」。各司其法，如同八仙過海各顯神通。我們不介意別人怎麼說，最要緊搶到生意，有獎金。大家會說：行長來了民生沒多久，就被同化，開始提倡酒精文化。

自我解放自擔後果

這麼說不公平。酒是催化劑，喝幾杯酒席上氣氛完全不一樣，輕鬆愉快。能夠在輕鬆愉快的場面談生意，不好嗎？其實我這麼說，是有意誤導大家。其實在喝酒場面，我很少看見兩個人談生意。一來不方便，二來不必要。大家肯定會問我，喝酒到底想幹嘛？回頭再想想，喝酒的目的是想創造氣氛談生意？根本不可能。首先，喝酒的場地一般在飯店。民生銀行旁邊就有家出名的飯店，叫「湘鄂情」，一聽就知道，湘、鄂（湖南、湖北）兩地人多，一向酒量大、夠勇武，各路英雄

好漢六點鐘一下班就雲集此地，喝個痛快。不信？晚上七、八點左右，一桌人茅台已經「幹」了十多斤。兩個字，一個「幹」，另一個「斤」需要解釋。「幹」是飯桌上的北京話，把某人幹掉，就是把這人徹底打敗，但不是打打殺殺那種把人幹掉的意思。「斤」是度量衡單位，簡單來說，一瓶茅台就是一斤。如果形象化，一斤大概等於大杯（喝水的玻璃杯）沒倒滿四杯，中杯（食指高度，大杯一半）就是八杯，而小杯（食指高度）起碼十杯左右。

大家或許想知道我的酒量，不勉強我的話，半斤可以。以香港人來說，算可以。勉強的話，可以再來一個中杯。大家不用太擔心，只要自己有分寸，不易醉倒。因為一開始總是小杯，三、四杯之後，開始有人為你換中杯。這是第一關，如果決定自我解放，進入中杯，後果就難以預料。甚麼時候遇上第一關？很有可能一開始就遇上。開始就跟老闆敬酒，很多人在旁邊造勢，要你換大一點的酒杯，以示敬意，或許一杯還不行，兩杯或三杯，直接進入關卡，自己決定是否要自我解放。說真的，都是自己的決定，決定解放，自然要自己承擔後果。

不管怎樣，喝酒必然有四件事情幾乎同時發生。第一，

喝酒是很高興的事情，能放鬆心情，而且自制能力快速降低。第二，喝酒是起哄最好的時機，吵鬧免不了，表面苛刻，強迫人喝酒，但是大家都是逗着玩而已，並無惡意。第三，喝酒很容易就忘記吃東西，造成嚴重浪費。等於説，大家不是來吃飯的，借吃飯來喝酒而已。第四，要找上級敬酒，表示敬意。我在民生的大型活動上，經常坐在董事長旁邊，一開始就有人急忙過來排隊，逐一向董事長敬酒，很煩。結果，他接受我的建議，開始前上台祝酒，説明不准敬酒。可是還是有人偷偷過來敬酒，表個態：我辦事，你放心，就心安理得。

利用喝酒來拉關係

我從來沒見過跟客戶吃飯、喝酒會冷靜下來談生意，談談年期、利息等事項。跟客戶喝酒是利用這個機會拉關係，表示你跟他是「哥兒們」，日後有話好説。如果自己趁此機會喝到不省人事，更是有效。所以，我們做貸款的同事一般酒量在一斤左右，要加把勁，一斤半也可以。一年喝多少？很容易算出來，也很容易猜到多少人肝功能受損。我是積極勸喻大家少喝，可是逆向而行，沒有好結果。來了兩年，看見董事長的酒量一路下滑，滿頭大汗。有些其他班子成員也一樣，經常喝多了，雙眼通紅，頭筋顯現，令人心疼。可幸的是明天又會恢復

正常，若無其事。這一點我以前見識不少，前一晚老外同事喝多了，幾乎不認得路回家，但是明早照常上班，談笑風生，令人佩服。我還沒有找到原因，為甚麼咱們香港過來的朋友，撐不下三杯（中杯）茅台就投降？或許是平日缺乏培訓，比女士還差一截。

茅台股票近年直線上升，證明銷路很好。國情驅使，拉關係不可缺，酒精文化改不了。

工作
體會
喝酒能拉近關係，不容否認。暢飲後就可暢言，開口提要求就容易。

第 52 回　試用紅酒頂茅台，白費心機

　　內地一幫人吃晚飯，免不了喝茅台。如果是宴會，更不用講，無茅台不歡。我在民生見過不少場合，總有人不堪酒意，東歪西倒要人攙扶才能離開。先説明，他們不會説這人喝醉了，是喝多了。過去 20 年，我馳騁大江南北，見識不少會喝酒的朋友。遇上了，免不了喝上一點。説是一點，起碼有三兩。不算甚麼，是因為我覺得自己要保重身體，能「詐型」就詐，詐就是假裝不勝酒力，不能喝、不會喝、不敢喝等理由層出不窮。看到民生某些同事，一開動就不踩煞車，跑到別人面前就乾杯。心中不安或許是不忍，經常想叫停，無人理睬，總是説大家高興，沒關係。

提議改喝紅酒

　　我有天真的想法，不如大家試試看，來一次喝紅酒，起碼酒精濃度比茅台差很多，喝三杯才等同一杯茅台，不易醉倒。同桌的同事異口同聲説好，行長介紹紅酒，咱們出洋葷，下次喝紅酒，還有人拍手歡呼。我是以心為心，説得出做得到。隔兩天，馬上行動，叫「神奇小子」去搜索，看哪一家

店賣紅酒。這不難，他馬上帶了一個年輕老外來，他家在法國釀酒，種的是赤霞珠（音譯是加百納 Cabernet）。他有本小冊子，給我看他家的出品，還有他幫人做代理的產品，澳洲、智利、南非的都有。心想：這小伙子蠻本事，隻身跑來北京賣酒。如果合適，跟他買一點，正所謂「一家便宜兩家着」。

他看我有意思想買，就説給我八折，他家的七折。我跟他説，我可不是資深酒客，懂一點點就是。而且，我是看價錢來喝酒的人，貴的不喝。補充一句：內地喝紅酒，不講究。一是顏色深，接近暗紅最好，大家會認為是真酒。二是味道濃，有點苦更好，人家會説「純」。他有點發愣，是這樣嗎？最重要一點，一定要便宜，因為我們作興乾杯，一瓶酒兩個人乾兩次就喝完，貴的話吃不消。我裝了個鬼臉説：老闆會罵人的。我剛説完，他如釋重負，連忙説有，智利過來的「色拉子」，暗紅，夠濃，又便宜。36 元人民幣一瓶，不騙您。他的普通話還不錯，把騙這個字拖很長，變成 pi~an 您，而且還懂尊稱我。怕我嫌貴，打八折就是 28 塊 8 毛。8 毛算了，就 28 塊。

議價過程一路都沒問題，直到他問我要多少瓶？我説你有幾箱？一兩箱，沒問題，他這樣回覆。我笑笑，豎起三隻手

指。他放下心，沒問題，我去找。我補充一句：是 300 箱；隨時再拿 200 箱。看得出來，他認為我是財神爺，講話有點亂，連法文都出動。我去找，一定有。我說：我不難為你，如果沒有，你家那些赤霞珠搭一點也可以，七折喔！從來沒見過這麼開心的年輕人，有點手舞足蹈。

變了紅酒推銷

跟小金說，剛訂了 300 箱，到貨就發文說行長介紹的紅酒，在辦公室訂貨，先訂先得。小金說，行長介紹肯定會搶購，要準備更多存貨。不會吧，那已經是 3,000 瓶，我在跟自己說話。兩週後，酒到了，各 200 瓶。這傢伙大概想推銷自己的酒，併在一起就多了 100 箱。做大事，不囉嗦，叫小金跟他結賬。跟着發公文，有好酒介紹，說明紅酒有益健康，茅台先放一放。我想這可能是我在銀行發過最有趣的公文，我竟然會介紹紅酒。記住，是智利的色拉子，可是沒說價錢。

不消三天，小金說全部給訂掉了，還有人等下一輪到貨。不會吧，這麼搶手！不如等大家嚐過再說，我自己試過，28 塊錢的貨色，算可以吧。沒等多久，就有機會跟貸款部同事去吃全羊餐。一隻羊在火上烤好就上桌，是我第一次

看到這樣吃羊肉。兩桌人趕緊把紅酒開了，乾杯！還是老樣子，只是換了紅酒而已。喝一口之後，大概為了我在場，必須說點好話，這酒真純，讚不絕口，幾乎是異口同聲。再喝一口，有人忍不住問我：行長，這酒真行，要不要 2,000 元一瓶？我哼哼笑了出來，差不多，猜得準。沒說其他，就說：大家再來，乾！第二天，大家都說純，其他分行紛紛要訂，很火爆。可是價錢一公開，訂單數量直線下降，反映民間思維：便宜莫貪。

　　在北京喝酒的故事很多，生活中很重要，可以解決煩惱。茅台才有效，紅酒比不上。

工作體會　喝酒就是喝白酒，喝葡萄酒不算，啤酒只是飲料。在內地工作，會喝有好處。

第 53 回 臨考抱佛腳，靠外援打救

　　來到北京一段時間，感覺不少事情在改善中。讓我舉個例子，每家企業都要有足夠的董事，民生就有 20 個，我雖然是行長，但也是一名執行董事。平時開會，大家和和氣氣，要發言就發言，很少爭執。到了投票時刻，大家就投票，其實都是贊成票，很少鬧意見。當然不要被我誤導，以為其他企業全都如此，非也。也有不少彼此鬧意見，不歡而散，成為坊間笑柄。證監會一直想提高董事的水平，有道理，但是實在有太多董事的資質有待改進。

　　考試就成為必經之路，當然也有證監會主辦的培訓班，可是有不少董事不把考試當一回事，怎麼會去上課呢？我去過一次，的確沉悶，老師按書本上教材依書直說，能夠撐上半小時算本事。不過老師有本「天書」，一人發一本，千關照萬關照，考試那天一定要隨身，可以翻書參考。這是最重要的「貼士」，第二節課就不可免。很沉重的一本書，每次翻開，很快就閉眼養神。虧得出書單位，能夠撐得住。說句公道話，內容挺不錯的，每個董事都該細心學習。相信其他董事跟我一樣，又忙又懶，誰也不去管它，船到橋頭自然直。

特別容易的「考試」

　　到了考試那一天，小金跟我一起去。我想，莫非讓我安心？魚貫進入考場，大約有三、四百人。領導級人物坐前面，人不多，都擠到後面去。監考老師有兩位，一前一後。九點一到，老師發考卷，弄了好一會。弄好，老師上台大聲宣佈：十二點準時收卷。最讓人覺得舒暢的是他補充這兩句：他在外面，到十二點會進來收卷。要翻書隨意，不要破紀錄，因為這門考試送來沒有人不及格。我本來不太懂他是甚麼意思。不過他一走出去，馬上有好多年輕小伙子進場，找到他們的對象就趕緊坐下，難怪我們領導席上一人一張長桌，還有長凳，足夠兩人用。手上還有老師早就分派的書本，攤在桌上。原來這位年輕人的功能就是在書上找到答案，讓他的領導照抄，問題是要領導抄得快。

　　有的還有新招，領導就坐在旁邊，等年輕人抄，省得領導麻煩。領導吃不消，還有可能走出去抽根煙。有點稍微含蓄，旁邊的年輕人用手機跟外面的同路人聯繫。把題目唸一次，對方會說書中哪一頁第幾行開始，終結於哪一頁。裏面的人自己把握好，就開始抄寫，不管是領導或代筆。小金看到別人如此賣力，趁機進來跟我打招呼，暗示他會搞定，建議我到

外邊休息一下。他是一番好意，而且爭取「公平競爭」，真是盛情難卻。我說不如你負責翻書找答案，我搬字過紙。大家開始分工，很快搞定。別人也一樣，看見好幾個銀行界人士，大家各忙各的。題目有點繞彎，單人匹馬作答有難度。所以說，要有識途老馬沒說錯。

需改善公司管治

過了兩個星期，證書拿到，趕緊交上去交差，了結一樁事情。下次還有可能要考另一門學科，到時候再說。我聽有識之士說起考試，他說參加考試的董事太過參差。大家開董事會多加研究，看透問題就好。請注意，這是十多年前的事，需要改善的地方很多。我聽說，後來的考試方式大有進步，而且董事的資質提高不少。

董事會的問題，以我觀察所見，就是各位董事時刻在打自己的「小算盤」，尤其是股東董事，手上有些股份，很緊張自己的得失。不會在意「大算盤」會怎樣。說得難聽，就是自私自利。這種心態不難理解，自顧自的，要分股息。但是分股息，銀行就沒有資金為將來發展打算。所以，有錢賺，一定要分股息。為將來鋪墊不關自己的事。那個時候更沒有董事願意

花錢拓展培訓，加強推廣。我做董事自然很失望，看到某些董事為了小錢爭執不下，令人心寒。聽說有些企業雖然名義上有董事會，其實就是橡皮圖章，想辦法中飽私囊。內地的企業管治一直是大問題，要改善可不容易。難怪報紙上經常有貪污案，禁之不絕。

內地的事一個字說明了核心問題：貪。銀行一樣，必須大力反貪，公司管治才會改善。

工作
體會

內地不缺董事，但多為「舉手機器」。少見有料而敢言的董事，難言良治。

第 54 回 做生意，北京大過上海？

從滙豐銀行說起，應該是五、六年前的事，我從香港把管理團隊搬到上海，開始策劃在上海設立中國業務總部。那時候，似乎從來沒有人問過：會不會北京生意比上海大？我們是否應該在北京成立總部才對？我相信有三個因素：第一，滙豐的名稱有香港、上海兩個城市在內，上海順理成章成為不用考慮的選擇。第二，上海是中國內地最繁華的城市，銀行業大有可為，而且滙豐從 1865 年開業以來，一直受上海人重視，商譽良好。第三，滙豐在上海頗具規模，業務一直獨佔鰲頭。北京自 1980 年開辦，一直是代表處，不做生意。1995 年升格為分行，生意無法跟上海比較。所以要設立總管理處，上海的條件遠超過北京。

在京人脈關係強

民生銀行的總行在北京，上海最多是「二總行」，生意比不上，人脈關係也欠缺。所以剛才的問題的正確答案是：北京的確大過上海，而且大好多。似乎總行在哪裏跟城市商業化與否沒有絕對關係，可以舉幾個例子說明這個看法。招商銀行非

常成功，是股份制銀行的龍頭大哥，資產規模最大，但是招商總部在深圳。交通銀行的規模跟四大銀行相差不遠，可是交行的總部在上海。興業銀行是後起之秀，業務增長飛快，卻落腳於福建。所以滙豐選址上海，應該說是正確的選擇。

其他外資也一樣，例如：東亞、渣打、花旗的總行都在上海。沒有挑選北京「可能」是因為北京給人的感覺是個政治中心，跟政府官員打交道就好，做銀行生意很勉強。再來北京一看，人家四大行的總部非常宏偉，自己設立總部就有如「小巫見大巫」，自慚形穢。於是四大外資銀行的總部全在上海。

我來到民生之後，親自審批信貸申請半年有多，看到很多數額大而質量很好的項目貸款，才理解北京這地方臥虎藏龍，搞項目而需要申請貸款的承辦商比比皆是。民生在北京處理的進出口生意，數目龐大而流轉快速，非外資銀行可以比較。加上鄰近監管部門，有事好商量。政府部門也在附近，辦理各種事務方便快捷。正好說明民生在北京確實比在上海有優勢。外資銀行的業務一直依靠「窗口」公司，以外幣借貸為主，金額有限，難賺大錢。就算出口買單一向是外資銀行的「麵包與牛油」，但也是很零碎的收入。外資銀行跟北京的關係一直不很密切，光靠飛進飛出到北京開會用途有限。

南北文化有差異

　　另外一個原因跟文化有關。外資銀行外派人員一般是香港土生土長，帶有廣東文化。到了上海算是最北的地方，再北上就有點難度，尤其是普通話，跟北京的本地人來往，語言、生活方式也有所不同。同樣，民生不少北方人，在北京工作如魚得水，來到南方遇上蘇浙的吳越文化自然不習慣。這一點不是香港人能夠充分掌握，以為內地人全部一樣，其實不然。

　　北京不少同事以北京為家，雖然被外派到其他省市當分行領導，但他們跟北京的關係千絲萬縷。誰誰誰雖然人在外地，但是認得財政部某人，就有「人不在，關係在」的優勢。關係這門高深莫測的學問，要靠積累。他們在北京日子長，熟悉客戶的背景，借貸風險相對低。這些都是外資銀行的軟肋，在北京設立總部／總行有保留很正常。反而，民生銀行總行設在北京似乎是順理成章，業務增長的確快過上海，有一定道理。

　　「來到北京，才知道官多」，沒錯。有人脈，北京業務不比上海難做，甚至好做。

到訪新疆天池留影。

從香港地區看內地有種錯覺，以為上海業務多
過北京。其實大戶在北京居多。

第 55 回 嗅覺敏銳，爭取人脈，底線是效率

　　不少人對民生銀行的業績抱着半信半疑的態度，怎麼會增長如此快速？有甚麼秘訣？我是行長，自然有人問我，希望從中「偷師」。也有人採取不信任態度，説我們這班人「瞎搞」，但是沒説甚麼原因導致這番言論。總之民生銀行對不少人是個謎，看不懂。我來到民生不過兩年左右，稍有理解，但不敢説我是權威，大家都聽我的，我説的一定正確。

　　其實，各家銀行（或企業）都有一定的原因，導致成功或失敗。書店有不少書籍分析成敗的關鍵，多少都會提到「狼性文化」如何影響表現。到底如何解讀「狼性文化」才對？香港人對「狼」這個字有不同的看法，説某人「狼」，還會説他「狼死」，就是説這人膽子大，出手狼，不計後果，甚至置人於死地。內地的「狼」跟動物的本性有關，狼是有頭明顯的領導者，帶領狼羣獵食。狼是有強烈團結的意識，採取合作的進攻方式。內地的説法不是把重點放在狼身上，而是放在狼的團結一致，強調合作的覓食習慣之上。香港講的是狼的兇殘，跟合作無關。

擁有狼的敏銳嗅覺

但是說民生銀行有狼性文化也有不妥，因為我看見前線同事很拼搏，日以繼夜，不休不眠去拉客戶關係。他們的行為稱不上「狼」或「狼死」，而是很搏命，要命也是要自己的命。而且，他們往往一個人出動，很少靠團體的合作拉關係；也沒有一頭狼領袖指揮狼羣獵食。如果要把「狼性文化」強加於民生，就不恰當。我倒覺得那些客戶經理在外面跑生意，嗅覺敏銳，這一點像狼，遠遠就察覺何方有「獵物」。比如說，某個城市有傳言準備造橋鋪路，我們動作敏捷，很快就搭上承建單位，開始建立關係，準備探討項目的資金需求。很可能，拉關係要靠喝酒才能事半功倍，水到渠成。也可能引發別人不服氣，所以對我們靠喝酒拉關係不服氣，甚至不滿，就給我們扣帽子。

大家都知道，光靠喝酒不一定搶到生意。要理解，生意歸生意，還是要看銀行開出的條件，是否能讓客戶接受。不會因為大家喝了酒，銀行利息可以收得高一點，或免收手續費。對方來談貸款，最重要一點在於銀行回應的速度，時間長肯定吃虧。民生銀行這一點做得挺好，很有可能是因為事業部把匯報路線縮短所造成的時間效益。原則性同意很快可以批出

來，絕對不會拖泥帶水，逼使對方另覓第二家銀行談下去。有些銀行的審批時間，隨時可以一個星期，甚至更長，試問如何搶到生意呢？但這個跟「狼性」搭不上關係。

反應快兼且有人脈

反應快是一種現象，原因在於民生上下層的溝通暢順（這是我個人觀察所見，有待同業先進指正）；膽子大也是原因之一。膽子大小其實跟自己的財務狀況有關係，有底氣，事情就不會拖，不需要太多的考慮與研究。沒底氣，趕緊報上級，上級可能再拖一拖，把客戶急壞了，結果生意做不成。

除了消息靈通，反應快之外，平時建立多維度的人脈關係也很重要，這就需要有足夠的營銷費用。民生銀行在這一塊彈性較大，分行經理經常自己說了算，要花多少營銷費，不必上報爭取同意。因為我們有個制度，把費用跟去年利潤掛鉤，過去一年賺得多，新一年可以用得多。我們的思路是小錢不出，大錢不入。花在營銷，就是想要增加銷路。要懂得花，這一點難以反駁。

靠人脈固然重要，尤其是政府的人脈，不是可以隨意高

攀。雙方都有戒心，吃頓飯喝杯酒有可能有人背後說事。我是相信「小心駛得萬年船」這個道理，不鼓勵靠費用做營銷。我常說我們要靠效率來爭取客戶支持，要走陽光大道。

敲敲木頭，我在任沒出過重大案件。我的確囉嗦，經常要人審慎。不過有效就好。

工作體會

不要有錯覺，以為酒杯可以走天下。要有人脈，腦子快，身段靈活同樣重要。

第 56 回　黨校聽課，方知人外有人

在北京的中央黨校聽過課的人不多，來自香港的更少。我運氣好，是少數例外的一個。而且我聽過不只一次，起碼三次。一句話，獲益匪淺。同時，還有慚愧之心，因為以前一直以為人家說說國事而已，沒想到國際關係、全球經濟、環境保護、扶貧濟困等，包羅萬有，而且深入淺出，聽出耳油。我問自己一個問題：資料從哪裏來？而且都是堅料。答案是：不知道。但是很佩服，找到各種堅料。有位內地學者告訴我，料不是最重要，只靠料拼攏一份報告，那就有如裁縫。要靠有料之人細心研究事情的因跟果，閉門討論，再三驗證，才能出台。他還說，當年出台的「科學發展觀」有 73 名有料專家閉門討論將近半年才出台。最後四個字「統籌兼顧」就探討了好幾個星期才確定。

反覆論證成真知灼見

我在黨校聽過專家講述「科學發展觀」，非常精彩。每句話背後都有原因，讓人恍然大悟。我們在香港看到的信息粗製濫造，隨便堆砌而成，難窺究竟。甚至以訛傳訛，造成大篇幅

失實的報導，讓不少人自以為權威，睜大眼睛說瞎話。內地這種扮專家的現象較少，一來大家都懂得小心說話的道理，二來關心家事的人較多。香港不一樣，知道多與寡不要緊，只要有政治立場，就用自由、民主做擋箭牌，嘴巴瞎說，反正有同道人支持。奈何其他升斗小市民只能聽其廢話，甚至信以為真。

民生安排的黨校授課，當時的題目圍繞雷曼兄弟帶來的金融風暴，解釋其前因後果，應該如何預防。圖文並茂，非常精彩。我也是經常講課的人馬，但是比起專家，自慚形穢。關鍵在於自己是自修生，靠看書、閱報得到信息。專家也是如此吸取信息，不過多了互相討論的環節，自然擦出火花，信息沉澱變為真知灼見。給我的啟示是要在銀行內舉辦專題研討會，例如：積極推廣理財產品的利弊；強制性休假可有好處？讓部門領導彼此之間探討問題，從而發表一己意見，久而久之，對於社會事件、國際金融等事項有琢磨的機會，有信心發表自己的看法，而不會噤若寒蟬。

黨校聽課還有一樣觀察，以前以為老師講課總會有所保留，避開敏感話題。這一次發現有重大改變，老師是「有話直說」，不會避忌哪些話會得罪人，招致麻煩。這算不算「言論自由」，我不敢說。但是不存惡意，只是希望聽課的人能夠更

深入了解事實真相，加強個人見解，我覺得沒問題，這種開誠布公的態度值得鼓勵。外國人不是經常針對我們系統內缺乏透明度嗎？如果我們的改變能夠促進透明度，我覺得是好事。因為看得懂，才能適當地作出應對，不會費時失事。

假消息中分辨真資訊

我在銀行內講過「客戶對銀行的要求在急速變化中」的題目，說到民生的前線同事很拼搏，為客戶把事情辦得妥妥當當。但是客戶的需求一直在改變，以前是產品，後來是服務加產品。如今是市場資訊，客戶想要得知市場動態，不僅是國內，還要覆蓋國外。這個時代充滿變數，就好像船隻進入急流，要如何掌舵不知道，迫切希望有專家給指引。2008 年的金融風暴帶來極大的不確定因素，人心浮動。像雷曼兄弟這般規模的銀行一樣會倒閉，客戶怎麼會對將來保持信心？我們要留住客戶，不僅是賣產品與服務，更要給他們信心，我們對大環境的變化有掌握，這是我們要發出的訊號。

不僅是客戶對於市場資訊有需求，銀行員工也一樣，對於社會上各類有用的信息也想知道，現在是自己去尋找，奈何假新聞太多，讓員工很迷惘，不知道如何分辨真假。銀行應該

花時間、人力去收集可靠的消息與信息，再發放給員工。信息發放是一門學問，需要有足夠人力收集、分析、編輯。要完成「思想統一」，大家對事物有同樣理解，必須下工夫。記得我2000年在上海滙豐銀行的時候，就已經面對假消息的侵襲，大家不知道為甚麼特別喜歡假消息，而且還會傳來傳去，結果大家信以為真，造成各類誤會。所以，我親身發文，每週一次，告訴同事銀行內發生甚麼事，為甚麼？如何對應？1,000字左右，讓大家看明白，不要輕信謠傳。每月一次，來一個宏觀經濟形勢分析，代表銀行的官方立場，不要聽信別人瞎扯。花點時間與精神，回想，還是蠻有用的。

問題是可信信息少，虛假信息多，搞亂我們的思維。除了盈利，統一思想同樣重要。

工作體會　我們總以為自己有國際視野，甚至才高八斗。到了北京才知道高人雲集，不可小看。

第 57 回　在北京看奧運會，好運氣

　　能夠來到民生銀行當行長，是莫大的榮幸與運氣。連帶給我的運氣是讓我在北京看奧運，是百年難得的機遇。可以想像，對北京的居民來説，更是一個展示自己實力的機會，千載難逢。硬件設施來説，先後完成了鳥巢、水立方等體育館，的確讓人眼前一亮。十分搶眼。軟件方面是大會提供的服務非常到位，尤其是義務工作團隊據説是成千上萬，看上去精神飽滿。這麼多人是為了選手與來訪的朋友得到最貼身的招待，內地搞大型活動的那股勁，沒有之一，永遠唯一。尤其這一次，上頭有意展示國力，樣樣要做到最好，大家有信心，熱烈期待。

　　銀行作出人性化安排，大家可以休假去捧場，哪一天就由員工自己挑選，只要銀行櫃台服務照常就好。這時候，最要緊的事情是「撲飛」，大家都理解「僧多粥少」是甚麼意思，平時關係搭建好，自然容易弄幾張入場券。不要以為我是行長，隨時有贊助票，想也不要想，這時候大家忽然變為「六親不認」，自顧自的。幸好認得花旗銀行的朋友，把我看成「老顧客」，送幾張票過來。很不錯，有足球（對我很重要）、跳水、田徑等，

在北京欣賞奧運會，同時見證國家走向富強。

唯一可惜的是沒有開幕式。不過有人說，去他家看，他家有
100 吋大電視，看轉播更有勁，附送不限量比利時啤酒，夠吸
引。總之一句話，奧運為北京帶來無限的動力與期盼。

招呼香港朋友

另外一件事情也讓我很忙，香港過來的朋友找不到地
方住。酒店有的話，起碼一倍以上價格，吃不消。旅館也一
樣，價錢暴漲，而且距離頗遠，出入不方便。這是小事，不想
煩「神奇小子」，只好把小金叫來，煞有介事告訴他，行長有

這樣的困難，想想辦法。沒想到，小金一句話嚇我一跳，地方我有，家裏剛剛蓋好房子，沒人住，隨時過來。我説有 20 人左右，可以嗎？他説小意思，再多也不是問題。而且很方便，就在南二環。他怕我不放心，就説下午有空過去看看。

原來小金爸是搞藝術交流的，在公園內申請了一塊地蓋房子，讓藝術家有地方寫字、畫畫，有好幾間屋子暫時沒人住，香港朋友正合適。踏破鐵鞋無覓處，得來全不費工夫。住房解決，其他都不是大問題。回頭一想，這家銀行可謂臥虎藏龍，不能小看，不少「神奇小子」在身邊，不露痕跡。小金還説，他會安排機場接送，家裏有大車。好呀，看來盛情難卻，只好答應。

香港過來的朋友都買好票，不用我操心。他們對開幕式特別有感覺，有人甚至説，身為中國人很自豪，原來國家的進步一日千里，自己在香港地區如井底蛙，理解有限，總是覺得自己很了不起，內地各方面都比不上。不少人感嘆不已，説我好運氣，能夠來到北京親身體驗。收到多番美言，不得不請他們去吃烤鴨。這是我拿手，因為過去一段日子，有香港訪客，我總會做東請人吃烤鴨，介紹烤鴨好在哪裏。四斤半烤到三斤九兩最好，吃肉要怎樣才能吃出味道，皮怎麼吃才正確，各種有

關問題，我是耳熟能詳，隨便吹吹水，大家就以為我很在行。

做大不如做強

這次奧運會給我們一種體會：不要光做體育大國，要做體育強國。讓我想起民生銀行一句口號：做大做強。其實應該是做強才對，做大沒意思，風大雨大之際，做大就是負擔，還有可能帶來危機。我相信，不少外國遊客會覺得中國近年有明顯進步，社會秩序特別明顯，過去的不良印象減去不少。奧運會花去不少錢，但是我覺得絕對值得，能夠藉奧運會建立美好的印象，而且提升觀眾對中國文化的認識，讓外來的人改觀非常難得。對我們來自香港的朋友，提升大家的愛國心，擁護祖國繁榮昌盛，絕對好事。

三年任期內，能夠現場見證奧運盛會，是我好運氣。同時體會北京的幹勁，感觸深刻。

工作
體會

在北京喜過奧運會，見證歷史中輝煌的一頁，目睹國運昌隆的開端，不枉此行。

第 58 回　神奇小子再顯身手，真佩服

　　前文說到銀行在北京生意好做，或許有讀者會不服氣。怎麼不是上海？我在兩邊都做過一段時間，日常觀察所見，上海以貿易為主，給銀行的生意數額不是很大。北京以基建項目為主，數額大，而且一家銀行「吃不下」，要組織「銀團」。而且不愁沒有項目，可以說源源不絕。不信，看看內地四大銀行的總部都在北京，勉強攀得上同一級別的是交通銀行，總部在上海，規模跟四大比較，越來越落後。雖然規模較大的外資銀行總部都在上海，但他們的規模跟四大行無法比較，相差甚遠。請謹記，外資銀行在內地資產總量只佔國有銀行的 2%，可以說不成氣候。在上海，外資還可以做貿易融資，賺點蠅頭小利。在北京，就屬於眼看手勿動，因為貸款牽涉資本耗用，外資銀行的資本根本無法應付大額貸款。

銀行內臥虎藏龍

　　民生銀行的規模不算大，但是人才卻有不少，能夠在四大行手指縫抓到一些貸款機會，很難得。我也目睹不少年輕人抓客戶功夫很好，同樣屬於「神奇小子」，讓我佩服。不用多，

每家分行／支行有三、兩個，生意不愁。他們的功架在於「想辦法」，各顯神通。那位姓吳的「神奇小子」就很有辦法，有次安排我在一個公開場合上台致詞，題目是「歸零」，就是說銀行工作不忘初心，歸根究底還是服務大眾。他是主持人，也是發言者，他的題目是「種子」。台下有一、兩百人，這麼多人來，我想要點在於大家重視我的頭銜，相信必有所得益。

讓人難以理解但是很佩服的有幾點：怎麼請得上這麼多人來聽？可不是免費的。他的「種子」也真講得不錯，接近「人之初，性本善」的道理；有哲理，也有佛理（大概是藏佛）。他怎麼懂得這些道理？我沒有答案。但是我可以看出一些巧妙，就是他讓人覺得兩個發言人都值得相信，而且是不落俗套，不講錢。不講錢就有人願意來聽，才是真正的大道理。

北京這個地方就是這樣，講錢、講賺錢的人太多。其實不少人已經賺了第一桶金，不缺錢。反而欠缺精神上的安寧與平靜，有如鮑參翅肚吃得多，也想嚐嚐青菜、豆腐的好滋味。有一點也很重要，台下聽眾一般三、四十歲，很少聽到像我這樣的「長者」講出一些心底話，像是在家聽長輩講道理，很難得。他們的成就不是一步一步走過來，財富來源有如火山爆發，就靠公司上市一大筆，再也用不完。需要的是合情

合理、不溫不火的話語填補內心的空虛。像「神奇小子」的年輕人很聰明，他懂得哪裏有缺口，如何找到材料把缺口補起來。連他講的「種子」，我都覺得很有味道，絕對不像他這樣30歲不到的年輕人可以動情演繹，真是人才。當時他剛離開銀行，否則他說錯了，我在場就有責任糾正。他去幹甚麼？講出來我無法相信，他說他準備巡迴講課，每個季度一次。下次計劃去五台山，已經有200人報名聽課。我是一臉狐疑，這傢伙講真的？是真的，後來還約我一起去。我想去，但是我不敢，怕闖禍。

有辦法才是人上人

這個年輕人給了我很大的啟示。我來北京之前，總覺得自己具有30多年銀行經驗，銀行業務難不到我。來了之後，逐步發現這裏銀行的工作確實沒甚麼兩樣，但是銀行內的同事跟香港很不一樣。香港是跟着「方法」做事，幾乎是一成不變；北京是找出「辦法」解決問題，為自己，為客戶，甚至為老闆解決問題。換句話說，有辦法才是人上人，有方法只是一般人。我們在香港只是要求「循規蹈矩」，按照本子做事就好。時間一久，就沒有人上人，只有一般人。這也解釋為甚麼民生銀行的業績增長如此快速，就是有不少人在想辦法解決問

題。而我們只是希望把事情搞定就好，沒有其他想法，橫豎待遇不差，聽話就好。不說別人，就連幫我開車的小李也一樣，也是「神奇小子」之一。我有事，跟他一說，他的反應很快，他會說：您甭管，我會搞定。有時候我不放心，總會多問一句，你怎麼搞呀？他會重複一次：不是說，您甭管。

有時候無聊，坐在中國會喝啤酒。看見小李躲在大樹後面抽煙，一陣煙飄出來，慢慢散去。心想，又是一個年輕人，而且是很有辦法的年輕人。辦公室裏還有一個小金，也是年輕人。他總是一句：讓我來。幫我看文件，還會幫我決定哪些不用管。還有不少其他，不去細數。但是，心中有句話困擾自己：到底我們有沒有給他們機會？有沒有讓他們去嘗試？

很多時候，年輕人面對各種束縛，作為長輩，應該鼓勵與督導，讓他們早日振翅高飛。

工作體會　北京有不少年輕人，假以時日肯定能展翅高飛，領導人多給力，加強培育就好。

第 59 回　五年規劃在手，展望再次騰飛

我上任之後，聽說有份五年規劃書，前兩年請外部諮詢寫的。但是總找不到，很奇怪，不是應該人手一本，經常拿來參考才對嗎？怎麼會找不到。結果一番努力之後，在舊文件堆裏找到。原來是美國頂級諮詢公司寫的，負責人叫約翰·梅昊（John Meinhold），我認得此人，以前在滙豐跟他有來往。記得這家公司不錯的，因為約翰一直在內地，對本地銀行頗有認識，寫的東西有可行性，不是空中樓閣，瞎扯了事。

立馬把這份五年規劃書看過，還不錯。問小金為何沒人管這事呢？他沒說話，給我一個哭笑。我理解，這種文字有點像足球的球例，每個人上場踢足球就是喜歡踢，哪有人踢球前看看球例？最多找個教練告訴球員該怎麼踢。我曾經請教過滙豐銀行的戰略部署負責人，他曾經為滙豐寫過十幾份戰略規劃書，這人叫陳德思（K B Chandrasekar，是印度人），跟我投契，因為我喜歡講戰略，這可不是人人有興趣。他說戰略是大方向，在不確定因素滿佈之際，走哪條路是戰略，路上有事故如何應對是策略，兩者之間有區別。我補充一句，在內地一般重用自己人，那是謀略。他笑笑說：三略合一，才是致勝之道。

規劃易執行難

現在面前有一份「走哪個方向」的規劃書，但是沒人留意。走的路都是「跟風」而已，有人搞私人銀行，我們也搞；有人做信用卡，我們也來。搞事業部算是先進，走在不少銀行前面。但是沒有整體規劃，雖然兩年前就找專家寫過一份。雖然有多少懊惱，但是沒有發作。我知道很清楚，五年規劃是概念而已，主要目的就是為了滿足上級單位的檢視，有就好，做不做沒人管。客觀來說，在內地做規劃不難，但是要切實執行很難，因為我們在內地面對各式各樣的變化，環境隨時受政策改變而受影響，方向被迫要改。今天指向東，很正確，但是政策一改，明天要指向西。真是無可奈何。

我在滙豐銀行工作多年，理解上頭領導總是要有規劃才能全面開動業務，因為管理架構一層一層，先把目標搞清楚，上下級就知道每個單位的路線圖，按時檢查進度。在民生銀行，或許其他銀行也一樣，規劃只是表面文章，做完就存檔。說起來，略有不敬，但事實的確如此，大家不作興看圖索驥，獨立行事爽得多。就拿我身邊的小金與小李為例，他倆嘴邊經常掛着三個字：你甭管。跟他倆講道理，會聽。講做事路線圖，會點頭，跟不跟說不準。這是一種文化，不喜歡先計劃，後辦事；喜歡隨機應變，誰有本事誰贏。

不按常理出牌

既然我們想設立控股公司，搞集團化管理，這是宏大的目標，就該有一份五年規劃書，三年亦可，告知天下。上可傳遞到監管部門，下可下達到每個員工，起碼書面上行內第一，無人可及。成效如何，三、五年後方能知曉，何必放在心裏，讓它默默無聞。董事長覺得也有道理，吩咐我即刻展開工作。尚方寶劍在手，把上次幫忙的諮詢公司找來，沒想到對方跟我搖搖頭，叫我另請高明，也沒解釋。只好硬着頭皮再找別家，結果一樣。我想莫非是天意，要我自己動手？

大概有一個星期，心情忐忑不安，有如老鼠拉龜，無從下手。沒想到董事長那邊已經傳出消息，五年規劃已經完成，準備報上董事會。怎麼回事？如同丈八金剛摸不着頭腦。原來有位學者聽了指示，即時開筆揮毫，三天內把規劃書寫完，已經付印。小金弄到一本，有 30 來頁，把計劃中的控股公司分解，逐一敍述其個別功能，最主要是盈利模式。説實話，有點像「招股書」，介紹控股公司。到這時刻，我不便多説話。心中説一句：兵貴神速，真是不作他想。董事長給我面子，要我找機會跟總行老總與分行經理解釋五年規劃的意義所在。加一句：老王，靠你啦！

民生厲害之處，就是不按常理出牌也能贏。靠的是拼搏，有無規劃沒區別。

工作
體會

五年規劃很可能是紙上談兵，交差了事。家長式管理的模式根本用不上，有等於無。

第 60 回　老王是好人，董事長的評價

　　一晃眼，三年任期馬上結束。內地的規矩是三年一屆，屆滿就要換屆，各方有關人士提名給董事會決議通過，新一屆領導班子連同董事擇日上任。就好像我三年前的經歷，不過不知道會不會由銀監會提名，再走一次我走過的道路。回頭想，當年的經歷刺激、有趣兼而有之，印象深刻。我要走的消息慢慢傳出去，有人問我為甚麼不續約？也有人問我是不是跳槽？或許也有人暗暗歡喜，我這個人終於要走了。不管怎樣，三年的日子蠻豐盛的，內心深處充滿感激之情，難以言表。

　　耳邊傳來不少人叫我「老王」，以前只有董事長叫我老王，因為他「官階」最高，叫人老王、老張，表示親切，也表示信任。反之，就不行。我可不能稱他為老。其他同事都叫我王行長，或行長。沒人「敢」叫我老王，大概是以表敬意。要走了，反而大家開始叫我「老王」。一來要走了，不再有「威脅」，叫甚麼不要緊。二來，大家覺得可以親切一點，「長幼尊卑」的概念開始模糊。不過小李、小金還是行長前、行長後，跟以前沒兩樣。我完全不計較別人平時怎樣稱呼我，但是

我身為行長，代表銀行出席公開活動就不能隨意。平時大家去打球，叫甚麼名字無所謂。其實在北京老王、老張這種稱呼很常見，不一定說這人年紀一大把，就把「老」這個字套在人家的姓前面。我聽過 50 歲左右的人已經被封為老張、老李，表示親切而已。

送行宴上的臨別話

董事長很客氣，要辦公室安排送行歡宴。我不想這些活動為我個人而舉辦，搞得鋪張，佈置很牛，過分抬舉我，會讓我慚愧，我可不是大人物。我希望是三、四桌簡單一點，大家高興喝一杯，讓我講一句：再見還是朋友。我的堅持終於把人數減一半，只有七、八桌人，算是可控。當晚董事長先上台，對我工作表現給評價。或許是公開場合，他沒說業績，雖然已經翻兩番。他只是說：老王不簡單，一個人來把你們這班傢伙弄得貼貼服服。他停一下，接着說：你們記着，老王是好人。便在掌聲中走下台。

輪到我，我只是準備了幾句。說甚麼這班傢伙（董事長的話）都不會聽進耳朵，何必操心？我在台上，靜默一會，好像在思考該說甚麼。大家猜想我一定藉此機會好好教訓他們，

或許吐吐苦水，說到各種工作上的折騰。知道我平時客客氣氣，或許會表揚某些人表現優秀。我很淡定，看着台下每一個人，是這樣開始：

「我先來幾句客氣話，感謝董事長，感謝班子成員，感謝各位部門主管以及行行長，讓我有機會來到民生，與各位同事共創輝煌，很榮幸。這三年是一段難以忘懷的日子，有困難、有挑戰、有失落、有感慨，同時也有滿足、有自豪、有自信、有奮發。」接下去才是「戲肉」，我接着說：

「記得我剛到民生，給大家講話，講到向下看、向外看。相信大家都記得，我還細心解釋過。今天我離別在即，想跟大家說『向前看』，讓我解釋。前面的日子誰也說不準，但是我看到前面的日子會有很大的改變。讓我用八個字來形容：『自以為是，不以為然』。怎麼解釋？自己說的話總是對的，別人的話不當一回事。我在崗位上已經看出端倪，這種現象只會加大、加快來到我們面前。領導只是虛銜，如果沒人聽話。我們做銀行要小心，『合規』隨時成為海市蜃樓，存心犯案的人不可勝數。請大家記住我的話，不要做好人（董事長在笑），但是要會防範壞人，前面的日子才會安穩。」

做銀行要防範壞人

　　講完，鞠躬下台，跟着和主桌上的領導逐一握手致意。大家沒想到，向下看、向外看的三年後，還要向前看。道別的話不長，但是我自己感覺很好，恰恰印證我的話：自以為是。或許在座的幾位領導心裏會這麼說：這傢伙瞎說。不也是我的話：不以為然。跟大家招招手，別過頭走出門口，正想打個哈哈，沒想到外邊在下雨，小金打着傘，小李把車門打開等着我。上了車，小金笑笑說：咱們以後向前看，是不？行長。

　　三年說長不長，說短不短。有人說我是定海神針，有我在，不亂。真的嗎？誰知道。

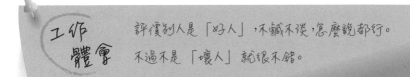

工作體會　　評價別人是「好人」，不鹹不淡，怎麼說都行。不過不是「壞人」就很不錯。

後記一

　　花了一個月時間，寫完這本書，總共 60 篇。平均一天兩篇，算是快的。快的原因是在寫故事，而故事歷歷在目。有點像抄襲，把腦子裏的記憶轉變為文字。只要記得住，就可以寫得快。不過一路寫一路想，這些故事原來已經存在腦子裏十多年。如果再不寫出來，肯定會給忘掉，自己年紀一把，記性衰退很正常。

　　為甚麼沒有趁早寫？很簡單，不少當事人都還在崗位上，説出來或許對他們有影響，尤其是銀監會的領導，對我加入民生發揮關鍵的作用。我説甚麼都可能有人把事情扭曲，結果好事變壞事，這是阻力之一。另外，以前寫書的經驗，聽過內行人説，現在的書本最好在六至八萬字左右，太長篇沒人有耐心看完（結果本書寫了九萬多字！）。要寫六萬字不是小事，自己沒有絕對把握。最怕寫到一半，思路枯竭，無法繼續，豈不是自討沒趣？

　　但是民生給我的體會很多，不少是從學習中得來。不一

樣的經營模式一樣可以成功，甚至比在內地的外資銀行更先進。不依靠培訓，人員的拼搏精神真是金石為開，讓人豎拇指，原來外邊人對他們缺乏理解，甚至輕看。領導者的功能不着重指方向，反而是要為下屬消災解厄，讓他們放心去衝，搶生意刻不容緩。人脈建設更不用說，前赴後繼，酒精文化只是催化劑，個人奮鬥才是核心價值。

我從海外而來，自然屬於空降部隊，注定不討好；搶人升級機會不說，自己總被人看成異類，文化、習慣都略有不同，雙方相互配合肯定有彆扭。可是我在北京的日子卻過得很好，保障一流，辦公室對我無微不至，我有無限感激。班子成員對我並無排外情緒，甚至逐漸把我當作自己人，不僅捧我場，而且不時抬舉我，這是他們個人修養的表現，這份交情我銘記在心。

董事長肯定我的價值，讓我在銀行界能夠站穩腳步，我是衷心感謝。以他的人脈與江湖地位，唱反調的話，我早就可以解甲歸田，無法完成三年在民生的任務。銀監會的領導也對我甚為關心，不想我掉進坑，他們的指點對我是不斷的鼓舞。幸好我在這三年並沒有闖禍，算是不負眾望，大家都有面子。銀行表現出色，資產規模與盈利增長在業內光芒四射，不

良率緊守不失。老實説,我有點攞車邊,但是無功也有勞,每家分行我都去過,講道理的工作從未放鬆。維護企業文化,推廣合規精神是我鼓吹的價值觀。

敲敲木頭,三年總算交出讓人接受的成績表,雖然一開始大家都有多少保留。不管是否我自己的努力,還是同事間跟我的互動產生正能量,又或許是上天賜給我的運氣,讓我在市道暢旺的日子,順風順水、無風無浪渡過這三年。三年的體驗甚至比我在滙豐銀行的三十年更豐盛,值得我把記得的人與事記下來,作為歷史的見證。

有感恩,有感激,有感嘆,有感情,有感懷,全部加起來就是我在民生的感覺,我會永遠珍惜!

後記二

　　有位朋友聽到我要寫民生的故事，很雀躍。他說他對民生總是有種神秘的感覺，希望我能夠解密，或揭秘。相信他不僅是對民生有如此想法，對其他內地的銀行也一樣，摸不清它們的運作流程，因此無法理解為何內銀能夠年年賺大錢？其實，還有好多像他這樣的人，不理解就造成誤解，希望我從不同層面解釋。

　　很簡單，我們從香港地區看內地銀行，是從供應方來看，銀行有錢所以借給客戶。反過來，從需求方來看，就容易理解為甚麼銀行會賺錢。因為需求遠遠大過供應，根據經濟學原理，需求大是經濟蓬勃的主要原因。日夜不停都有客戶或潛在客戶追着銀行想要貸款，因為他們手上有基建項目等着資金流入，就可以開動。客戶經理不用擔心找不到客戶，不怕沒有，最怕太多。在經濟不好的時候，銀行客戶經理要拿一大串電話號碼逐一問對方（都是不認識的）要不要借錢，那就不一樣，銀行的日子不好過。試看內地各省市過去十多年都是處於開發過程，造橋、開路、蓋房等，各項目需要大量資金，大銀

行有龐大資產負債表就有優勢。民生是中小型銀行，身段靈活，搶生意很拿手，業績自然美滿。與其說有神秘感，不如說一般人不接受中國這些年來的迅猛發展，把自己的眼光鎖定在改革開放之前，留下窮困、破爛、髒亂的印象，揮之不去。現在中國走上快速發展的道路，就說有神秘感，看不懂。那不如說，自己不懂，才看不懂。所以寫這本書的目的之一，就要讓某些人能夠走近一點看清楚，其實沒兩樣，只是它們具備比我們更有利的條件，銜枚疾走而已。

更讓我覺得難得的是，整個系統有如「自動波」，非常暢順，領導者是「看管人」多過「領導人」，看管人是看管一個由上頭「配給」的單位，不要出錯就好。萬一有錯，闖了禍，自己把事情逆轉就好。所以需要一個人有辦法，才能坐鎮大本營，指揮三軍。選領導人就自然有不同的考量，身在香港的朋友自然看不懂，故解讀我三年來目睹的現象，也是我寫這本書的其中一個原因。

如有不妥當或不周詳的文字，請各位讀者原諒。有時候，我是故意含糊，籠統解釋，有難言之隱，請見諒。如果還有機會重新再走一次這條路，我一定不會推卻。